U1075032

中国长白山区
东北虎潜在栖息地研究

主要作者

李振新，Fridolin Zimmermann, Mark Hebblewhite,
Andrey Purekhovsky ,Frank Mörschel, 朱春全，Dale Miquelle

中国林业出版社

主要作者

李振新，Fridolin Zimmermann, Mark Hebblewhite,
Andrey Purekhovsky, Frank Mörschel, 朱春全，Dale Miquelle

主要贡献者（按字母排序）

白效明 Esther Blom 长有德 范文义 范志勇 Lisa Hickey 侯柏森
刘伟石 娄 佳 牟惠生 盛连喜 孙海义 Diane Walkington 王宪成
吴景才 吴志刚 Yulia Kalashnikova Yury Darman 张明海 张正祥

中文翻译

长有德 彭健羽 王 静 罗星碧
侯柏森 孙全辉 李振新 娄 佳

图书在版编目（CIP）数据

中国长白山区东北虎潜在栖息地研究 / 世界自然基金会编著 .
-- 北京：中国林业出版社，2010.3
ISBN 978-7-5038-5544-3

Ⅰ . ①中… Ⅱ . ①世… Ⅲ . ①长白山－东北虎－栖息
环境－研究 Ⅳ . ① Q959.838

中国版本图书馆 CIP 数据核字 (2010) 第 034572 号

出版 中国林业出版社（100009 北京西城区刘海胡同 7 号）
E-mail:cfphz@public.bta.cn
电话 010-83227733
发行 新华书店北京发行所
印刷 北京画中画印刷有限公司
版次 2010 年 3 月第 1 版
印次 2010 年 3 月第 1 次
开本 210mm × 285mm
定价 120.00 元

序

虎是威武神奇且具有相当魅力和号召力的世界性旗舰物种，其对亚洲森林生态系统具有至关重要的作用。然而，从20世纪开始，世界野生虎的数量不断下降。目前，里海虎、巴厘虎和爪哇虎3个虎的亚种已经相继灭绝；现存的5个虎亚种中，中国特有亚种华南虎也已经近30年没有在野外发现其行踪。中国境内目前还分布有3个野生虎的亚种，东北虎、印度支那虎和孟加拉虎。其中，东北虎曾在中国东北地区广泛分布，然而由于栖息地的丧失、破碎化、退化和偷猎等问题导致其种群数量急剧下降，目前仅有20只左右。所幸的是，中国东北地区仍存有大片完整的森林和一定数量的猎物种群，为东北虎种群的恢复提供了基础保障。而与中国相邻的俄罗斯远东地区，在过去的50年采取了有效的保护措施，东北虎种群已趋于其环境容纳量饱和状态，已有向中国东北地区游移扩散的趋势。中国如能长期、有效地在东北地区开展东北虎及其猎物的保护，加强栖息地恢复和森林景观保护工作，必定会实现中俄两国东北虎种群的长期健康生存，恩泽后世。

正值中国传统虎年，中国政府和社会各界对保护野生东北虎的积极态度无疑具有相当的现实和历史意义，而国际社会对野生虎的高度关注也极大地促进了虎保护工作的进程。WWF、WCS和东北师范大学、KORA、蒙大拿大学等单位的专家共同完成的“中国长白山区东北虎潜在栖息地研究”一书，结合中俄两国东北虎多年的研究成果，利用国际先进的分析方法，对中国长白山地区东北虎栖息地和潜在栖息地进行了判别分类，确定并划分出了9个东北虎种群恢复的栖息地保护与管理的优先区域，预测了东北虎种群扩散的潜在生态廊道。同时从东北虎种群与猎物种群的恢复及国家政策支持等层面提出了东北虎种群有效恢复和栖息地的保护与管理原则性初步建议。

这项研究为中国长白山地区东北虎的保护工作奠定了坚实的理论基础，对将来东北虎保护的野外实地工作具有指导意义。

中国工程院院士　马建章

序

虎作为全球性的一个旗舰物种，对维持森林生态系统完整健康发挥着重要功能。然而，野生虎的种群却在持续下降，虎的栖息地也在不断减小，其中虎的栖息地相比10年前已经减少了40%。而世界野生虎的种群数量也已经非常低，目前只有3200只左右。野生虎正面临栖息地丧失和破碎化、偷猎等威胁，加上执法力度不足和保护力度不够等因素，导致了野生虎种群的下降。未来的若干年将是对野生虎保护非常重要的时期，如果不采取及时有效的保护行动，这个物种将很可能无法拯救。

WWF在2007年提出了一个大胆的计划：提高虎保护的政治意愿，并在2020年使野生虎的种群数量翻倍。在全球虎专家确认的全球13个重点区域内努力恢复虎的种群，其中的阿穆尔黑龙生态区是现存东北的分布区，即使在这个区域中，东北虎也面临各种威胁，特别是在中国东北的大长白山区域。

在中国国家林业局、吉林省和黑龙江省林业主管部门，以及WWF国际网络的支持下，为了解决中国东北地区虎面临的困境，WWF中国和WCS等合作伙伴共同研究了中国东北地区以虎保护为核心的保护优先区域并提出了初步的原则性建议，希望能在2020年使虎的种群和栖息地都至少恢复20%。

该研究分析判别了野外虎能够生存的潜在区域，划定了适宜虎生存的大块栖息地以及连接这些栖息地和提供种群沟通的廊道，同时也将这些区域的恢复优先顺序进行了分析，显示出了重新恢复虎种群的可行性。这为野外工作奠定了坚实的基础。

该项研究由WWF、WCS和东北师范大学、KORA、蒙大拿大学等单位的专家共同完成，我在这里对这本书的作者和贡献者表示由衷的感谢！

欧达梦

WWF中国 首席代表

2010-03-03

目　录

执行概要

东北虎(*Panther tigris altaica*)，在历史上曾经广泛分布于中国东北地区，现在已经成为极度濒危的物种。令人鼓舞的是，在吉林省和黑龙江省东部山区分布的广袤森林，构成了东北虎栖息地恢复的基础。更幸运的是在中国毗邻的俄罗斯远东地区，尚有430-500只野生东北虎栖息。在中国东北地区，虽然没有明显的证据能够证明境内存在稳定的野生东北虎繁殖种群，但在边境地区东北虎频繁出现的迹象，可以让我们确定，有东北虎穿越中俄边境。因此，如果我们采取有效行动，确定出东北虎保护优先区并进行合理的经营与管理，让东北虎重新回到自己的“家乡”——东北，是完全能够实现的。

因此，为了有效恢复东北虎种群，有必要确定东北虎的潜在栖息地，明确其生存所必需的条件，制定出东北虎保护计划，并在区域发展规划中进行统筹安排。在东北虎保护规划编制过程中，首先要确定东北虎能够生存的区域，找出能够支撑东北虎种群生存的足够大的栖息地，确定现有的及可以建立的廊道区域，并根据对东北虎恢复的重要程度，将不同的区域进行优先性排序。这些东北虎保护优先区（TIGER CONSERVATION PRIORITY AREAS）应在东北虎景观保护战略和行动计划中综合体现，其内容主要包括保护区、廊道的管理，保护区外的国有林业局、地方林业局与社区林地的“东北虎友好型”管理与森林经营。为了实现野生东北虎的恢复，一定要将东北虎景观保护战略与行动计划纳入到国家及区域的社会功能经济发展规划当中。

本项目总体目标如下：

在主要利益相关方的共同参与下，通过以下步骤，协助林业部门制定长白山景观区东北虎保护战略与行动计划：

• 确定拟恢复的东北虎潜在栖息地，并划定东北虎保护优先区，开展短期、中期和长期的保护与管理，拯救东北虎

• 确定东北虎潜在栖息地及生态廊道

• 确定关键优先区，开展紧急保护行动，缓解东北虎面临的主要威胁，为长白山景观区东北虎种群的全面恢复打下基础

• 提出原则性的意见和建议，为东北虎保护战略与行动计划的编制提供指导

当前，中国野生东北虎的数量非常少，很难量化出合适的东北虎潜在栖息地确定指标，不足以说明哪里更适合东北虎生存。因此，非常有必要借鉴俄罗斯远东地区大量的野生东北虎数据信息及东北虎与有蹄类的生态学研究成果。

为了研究测算长白山景观区东北虎的潜在栖息地，我们采用了三种空间分析方法。生态位因子分析模型（ENFA），即对比现有栖息地的利用状况（或动物出现的指示）和环境的资源可用现状，采用因素分析方法，来量化与东北虎出现相关的生物学变量和非生物学变量，找出相应的关系。资源选择功能模型（RSF）也试图根据一系列环境变量指标，预测东北虎的分布，但这种方法采用逻辑推理，更准确地推算出哪些或哪个指标在预测适合的虎栖息地方面的重要性。第三种方法，即基于专家意见的分析模型，是利用专家知识和当前可获得的东北虎及其栖息地数据与信息，来确定主要影响变量/因素和适合栖息地的条件。三种方法各有优缺点，因此我们比较三种方法的分析结果，以得到长白山地区东北虎栖息地的最适合的计算模型。

三个模型分析的综合结果表明，长白山区约有38500km^{2}潜在的东北虎栖息地，可划分成9个不同的东北虎保护优先区。东北虎保护优先区是由一系列高质量的大面积林斑栖息地构成，并由质量相对较差的林斑连接的区域，保证东北虎的活动与交流。其中的四个区域——珲春-汪清区（14239 km^2），长白山区(8420 km^2)，张广才岭南部区(5373 km^2)和穆棱区(3231 km^2)占潜在栖息地总面积的81%，在东北虎栖息地的恢复方面潜力最大。连接这些东北虎保护优先区的生态廊道已经被判定出来，但需要实地考察进行验证。

为此，在中国东北恢复东北虎的种群还是很有可能的，但也面临着很大的挑战。与俄罗斯相比，中国的东北虎栖息地破碎化是相当严重的，难以支持可持续的东北虎种群，而且有蹄类密度整体水平较低。要实现东北虎种群的恢复，必须满足东北虎生存的基本需求条件，将东北虎保护纳入国家和地区的发展规划当中，使得东北虎保护与地区经济发展相协调，为此，我们提出如下建议：

1．主管部门应立即认可东北虎保护优先区

我们建议在长白山景观区38500km^{2}的东北虎潜在栖息地中，应立即将31200km^{2}认定为东北虎保护优先区并实施立法管理。主要包括珲春-汪清保护优先区(14239 km^2)，长白山保护优先区(8420 km^2)，张广才岭南部保护优先区(5373 km^2)和穆棱东部保护优先区(3231 km^2)，详见图19。总体上来看，如果在这些东北虎保护优先区实施适当的管理，那么在长白山景观区，将能容纳80头东北虎的生存。

2．应在东北虎保护优先区内建立保护区，作为保护的核心区域

中国及世界其他地区的实践证明，保护区对于珍稀濒危物种的保护和恢复具有极为重要的作用。中国现行的与保护区相关的法律法规，为东北虎核心区的保护与恢复提供了保障。因此，在上述四个东北虎保护优先区新建、扩建保护区是极为必要的。若想有效地保护东北虎，每个保护区的面积必须达到1200–1600 km^2，保证3–4头成年雌虎的生境要求。

3．应立即在珲春－汪清东北虎保护优先区采取保护措施

模型分析结果表明，在大长白山景观区，珲春-汪清东北虎保护优先区（图16）是最为优先的，应采取近期、中期的东北虎保护行动，开展东北虎保护恢复工作：

●在珲春—汪清保护优先区，加强、扩大、连接现有保护区，以创建核心保护区群，旨在支持珲春东北虎/豹保护区，加强东北虎的保护

●在核心保护区外，确定东北虎栖息地，并实施“东北虎友好型森林经营”，如尽可能地推行高保护价值森林（由WWF建议的HCVF）和森林认证（由森林认证管理委员会推动的）工作，制定“东北虎及其猎物友好型森林经营指南”

●在珲春-汪清保护优先区，不再减少森林覆盖率，保证东北虎恢复所需的潜在栖息地林地面积。需要指出的是，与相邻的俄罗斯质量较高的栖息地相比，这些栖息地已经破碎化，栖息地恢复的挑战很大，应尽一切可能防止栖息地进一步破碎化

●探索关键区域内小居民点（林场或小的村屯)迁移的可能性，以减少景观的破碎化，增加景观的连接性

●建立机制，减少地方居民与野生动物，尤其是野猪(它们经常会破坏庄稼)之间的冲突，使得当地的东北虎猎物种群能尽快恢复

●如果能够在关键区域内，关闭一些道路，减少人和车辆的通行，将极大提高东北虎的安全性

●一定要慎重对待新建道路的规划

●应该对珲春-汪清东北虎保护优先区进行详细的分析，指导东北虎的保护与管理

4．采取必要行动，保护其他东北虎保护优先区的生态环境

长白山、穆棱和张广才岭南部也是潜在的东北虎恢复的重要区域。为了保护这些潜在的东北虎栖息地，必须保证森林植被不再受进一步的破坏。应该于近期，对所建议的廊道进行实地考察验证，采取必要的措施建立和保护这些廊道，确保东北虎在不同保护优先区域间的安全走动。从长远角度来说，在这些优先区里，应该采取与珲春-汪清保护优先区同样的保护行动，但目前应该以珲春-汪清优先区为主，待其有稳定的东北虎种群之后，再开展综合的保护行动。

5．猎物种群的恢复

分析结果证明，有蹄类密度是决定东北虎栖息地质量好坏的重要因素。在有蹄类恢复方面，我们建议开展如下行动：

●继续加强吉林省及黑龙江省的禁猎行动。这将有助于恢复东北虎主要的猎物种群，如马鹿、野猪等

●进一步加大反盗猎的执法力度

●在所有东北虎保护优先区内开展积极、广泛的清套活动

●在长白山景观区和整个吉林省和黑龙江省境内，积极广泛地开展拒食野生动物的宣传活动

●在东北虎保护优先区，特别是珲春-汪清保护优先区，实施广泛的有蹄类监测项目

●在东北虎保护优先区的一些核心区域，选择性地开展东北虎喜食猎物物种的引入活动

6．东北虎恢复

除上述的管理行动以外，恢复东北虎种群，还需采取以下措施：

●在珲春–汪清保护优先区，加强反盗猎活动，以更好地保护东北虎种群及其猎物

●创建中俄跨国界自然保护区，有助于中俄边境间东北虎的迁移扩散，提高中国境内东北虎种群的恢复几率

●通过合理、可行的补偿机制，减少人虎冲突，改进家畜饲养技术，减少其被捕食率

●开放中俄国境间的边境围栏，特别是在中俄边境东北虎保护优先区内的围栏，促进中俄间东北虎和有蹄类的迁移。在关键位置上，小于20m的围栏开口将有利于野生动物的跨境迁移，也有利于边防巡护人员的严密（远程）监控

●开展从俄罗斯远东地区向长白山景观区东北虎保护优先区引入东北虎的可行性研究，如向长白山国家级自然保护区及周边优先区引入东北虎的可行性研究。有一些东北虎优先区，虽然拥有大片的林地，但是与野生东北虎的种源地（俄罗斯远东地区）没有直接的连接，如果不采取特别有效的方法，如引入东北虎繁育家族，其东北虎的恢复将是漫长的。可行性研究内容主要包括：是否有安置地区？这些区域在哪里有？猎物密度如何？人虎冲突情况？如何缓解？东北虎监测活动等。

7. 东北虎友好型森林经营

对确定的东北虎栖息地实施“东北虎友好型森林经营”，推行高保护价值森林判定（HCVF）和森林认证（FSC），制定“东北虎友好型非林木产品采集指南和建议”，制定“东北虎及其猎物友好型森林经营管理指南”，并开展试点。

8. 政府和利益相关者的政策支持

东北虎种群的恢复，要求中国政府和利益相关者给予有力的政策支持：

●必须编制长白山东北虎保护规划，并将其纳入到中国政府和主要利益相关者的保护规划中，在此规划基础上，应制定更为详尽的省级东北虎保护战略规划

●应该充分重视新建道路对东北虎的负面影响。新建的道路，特别是高速公路，会直接导致生境的破碎化和丧失，削弱东北虎保护优先区的有效性。对此类公路的建设审批，应开展基于东北虎及其主要猎物种群的环境影响评价，并在道路规划过程中提出切实可行的保护措施

●实施可持续的可替代生计项目，促进当地社区的可持续发展，减少因东北虎保护造成对当地社区可能的负面影响

引　言

东北虎在中国是极度濒危的物种。历史上，东北虎这一亚种在中国东北林区曾广泛分布。根据历史记录和土地覆被数据记载，东北虎曾广泛分布于大兴安岭、小兴安岭、老爷岭、张广才岭、完达山和长白山。目前在老爷岭、张广才岭、完达山和长白山，不时有东北虎出现的报告，但没有证据说明在这些区域有稳定的可繁殖种群。

在亚洲，虎的种群数量急剧下降，中国也不例外(Dinerstein *et al*. 2007)。历史上，中国东北曾有4000多只东北虎。据20世纪70年代的调查，中国东北地区东北虎的数量已经下降到大约150只。最近的调查表明东北虎的数量不足16只(Zhou *et al*. 2008)。然而，吉林省和黑龙江省东部仍然有大片的森林，是较好的东北虎栖息地。相邻的俄罗斯远东地区有430-500只的东北虎种群(Miquelle *et al*. 2007)。尽管没有明显证据表明中国东北有稳定的可繁殖种群，但经常有东北虎出现的信息，可以确定东北虎经常穿越两国边境地区(Yu *et al*. 2000, Yu et al. 2006, Bing *et al*. 2008, Shaochun *et al*. 2008)。因此，如果采取适当方式确定并管理重要的区域，重新恢复（利用）东北地区东北虎历史栖息地是非常有可能的。

自2000年在哈尔滨召开的国际东北虎种群恢复计划研讨会以来，有许多东北虎保护项目在吉林省和黑龙江省得到了开展。如2001年成立了珲春虎豹保护区，在建的和正在申请的保护区，建立的长期的保护监测站(Yu *et al*. 2005, Bing *et al*. 2008)，在实施的野生动物伤害补偿项目，(Yu *et al*. 2006)，开展的提高当地公众保护意识的宣传教育活动，吉林省1996年实施的禁猎等。吉林省和黑龙江省所有的监测结果表明，东北虎种群数量或有增长。

东北虎的栖息地是由森林构成的，当地居民依赖森林动植物资源维持生计，获得经济收入。过度的放牧影响了有蹄类的生存环境，野猪毁坏农田的现象时有发生，东北虎的传统猎物在不断减少。完全散放于森林中的家畜，成为东北虎的捕食对象，加深了人虎之间的冲突。当地的林蛙养殖户（最近几年数量有所增加）和旨在获得额外收入的下套者更人为地减少了东北虎的猎物数量。

目前中国东北现有的保护区面积小，远远不能满足东北虎长期生存的需要。按照东北虎栖息范围需求，一个有20只成年雌虎的种群，至少需要8000平方公里的连续栖息地(Miquelle *et al.* 1999)，这远远大于东北地区现有任何保护区的面积。因此，要恢复的东北虎的种群，其绝大多数将生活在保护区之外，也就是生活在由吉林、黑龙江两省管理的林场中，所以采取缜密手段减轻人与虎之间的冲突是极其必要的。

要有效的恢复东北虎种群，关键是要确定东北虎潜在栖息地，并将东北虎的生态需求纳入区域发展规划中统筹考虑(e.g., Wikramanayake *et al.* 2004, Dinerstein *et al.* 2007, Ranganathana *et al.* 2008)。因此，应该首先确定东北虎可以生存的区域，找出能够支持东北虎种群的大块区域，确定大块区域内种群的联系通道，确定可以建设的大块区域间的种群联系通道，并且对这些区域按重要程度进行优先排序。要将这些东北虎保护优先区纳入东北虎恢复计划中，实施“东北虎友好型”的森林经营，更要将东北虎保护规划纳入到经济和人类发展规划中。

为了确定东北虎适宜栖息地，WWF组织召开了一系列研讨会，与国家林业局、吉林省林业厅、黑龙江省林业厅、黑龙江省森工总局一道，探讨长白山景观区东北虎恢复的愿景。长白山景观区已经被选为中国东北虎保护的优先区，该地区有着广袤的森林，有野生东北虎的分布。然而，尽管森林和东北虎的存在，为东北虎种群的恢复提供了一些保障，但是对于构成东北虎潜在的栖息地的主要因素，大家还不完全清楚，因此有必要对东北虎到底在哪里生存进行研究，对如何减少与人类的冲突进行研究。

在2008年7月召开的延吉会议上，与会代表讨论了规划的过程，并同意分两个阶段进行：

在第一阶段（技术阶段），在规划研究区开展东北虎潜在栖息地的判定分析工作，同时确定连接适生栖息地之间的生态廊道。本报告就是技术阶段的研究成果。

在第二阶段，即根据第一阶段的技术成果，与相关政府部门紧密合作，制定中国东北地区的东北虎保护规划。相关政府部门是未来规划的实施主体，应开展紧密的合作。本报告应为未来规划的编制提供技术支持和指导。

本报告代表着第一阶段的成果。在2008年秋的延吉会议上，专家们共同讨论了东北虎栖息地的分析方法，数据要求。之后，花了半年的时间，对相关数据进行了准备和必要的交流。根据国际组织签署的合作谅解备忘录，中外专家于5月23—31日聚集长春，应用不同的模型，进行了数据分析与比较，确定了分析成果。本报告就是该成果的总结。

研究意义

要恢复、保护东北虎，有必要在景观水平进行规划。1）确定东北虎的“保护景观区”，即确定哪里能够保证东北虎的生存；2）确定不同栖息地斑块间的连通性水平；3）确定最有潜力（最优先）实现东北虎种群恢复的斑块，实现短期和长期的目标；4）确定东北虎保护优先区，确定经济建设项目对东北虎恢复的主要影响区域，采取有效措施减少人虎冲突；5）保证各项保护行动顺利实施，有效恢复东北虎。

在吉林省和黑龙江省，东北虎的栖息地破碎化已经出现，在一些历史栖息地，东北虎已经绝迹（如完达山西部、小兴安岭、长白山保护区）。当前，一些地区仍然存在潜在破碎化的威胁。为了改变东北虎面临的严峻形势，应该通过科学分析，确定东北虎的现有栖息地、可恢复的潜在栖息地和潜在破碎化地区，维护并创建栖息地的连接通道，避免东北虎的灭绝。

目　标

根据国际组织签署的《备忘录》，本项目的总目标和具体目标如下：

在主要利益相关方的共同参与下，通过以下步骤，协助林业部门制定长白山景观区东北虎保护战略与行动计划：

- 确定拟恢复的东北虎潜在栖息地，并划定东北虎保护优先区，开展短期、中期和长期的保护与管理，拯救东北虎
- 确定东北虎潜在栖息地及生态廊道
- 确定关键优先区，开展紧急保护行动，缓解东北虎面临的主要威胁，为长白山景观区东北虎种群的全面恢复打下基础
- 提出原则性的意见和建议，为东北虎保护战略与行动计划的编制提供指导

研究背景

在一开始我们就意识到，在中国很难对东北虎潜在栖息地进行量化，因为野生东北虎的数量非常少，难以说明哪里更适合东北虎生存。没有东北虎信息的森林区域，不能说明其栖息地质量差，也许说明东北虎已经离开了潜在的高质量的栖息地，亦或许说明东北虎很难向那里扩散。因此，非常有必要利用俄罗斯远地地区的东北虎信息及其生态学研究成果，进行研究分析。东北虎栖息选择的数据，可以为高质量东北虎栖息地的确定提供证据，东北虎的生态学研究成果可以用于指导整个规划过程。下面，我们先来回顾一下虎的生态学知识。

东北虎的生态需求

实际上，虎对栖息地的适应性较强，生存需求条件相对简单：1）有足够大的东北虎种群持续生存空间；2）有充足的猎物密度，即良好的食物基础；3）有较低的、由人为活动(主要是偷猎)造成的死亡率。如果有足够的栖息空间和食物，很少的人为干扰，东北虎是极具“弹性”的，食物种类多样，能够在较大的、不同类型的生境里生存，如曾经的泛亚分布。尽管如此，简单回顾一下虎的生态学研究成果，确实有助于促进东北虎保护规划的进程。在东北虎恢复规划过程中，应该考虑东北虎生态学要求。以下列举了6个东北虎生态学因素。

1. **食物要求**。东北虎喜欢的主要猎物有马鹿、野猪、狍子和梅花鹿(Miquelle *et al*. 1996)。成年东北虎每周要捕食相当于一个大型有蹄类猎物的等值食物量。对于哺育幼虎的母虎来说，可能捕食的等值食物量会更高。如果没有大型猎物，母虎则不能为喂养的幼虎提供足够的食物（小的猎物不能满足母虎和幼虎所需的生物量）。假如一只虎每年需要猎取猎物种群数量的10%-20%，那么在它的家域内至少要有250-500头规模的猎物种群（这里假定东北虎的捕食率和其它原因的致死率累加起来，对猎物种群的生存是可持续的）。比如一个488 km^2的虎的家域，猎物密度不能少于0.5 个有蹄类/km，低于这个水平，雌虎不可能产仔并喂养它们。最后，马鹿、梅花鹿、野猪和狍子的种群密度是东北虎种群恢复的一个主要因素。

2.**领域要求**。东北虎的家域取决于猎物的生物量(Miquelle *et al*. in press)。在热带地区，系统初级生产力高，猎物生物量也大，雌虎(印度虎)家域可小至20 km^2。在东北亚（俄罗斯和中国东北）系统初级生产力较低，猎物密度也低，东北虎的家域自然要大。俄罗斯收集的数据信息表明，成年雌虎的活动范围大约为488 km^2 (Goodrich *et al*. in press)。因为雌虎是属地活动的，某个雌虎家域的一部分与相邻雌虎的家域有重叠。这样计算下来，每个雌虎大约需要400 km^{2}的不重叠家域，并且要有充足的猎物以支持东北虎的生存和繁育。上述因素对于确定东北虎种群栖息面积是极为重要的。例如，要想保证20头可繁育雌虎的种群，大约需要8,000 km^{2}的高连通性的栖息地。在中国没有一个面积如此大的保护区，因此必须在保护区的外围区域规划东北虎保护优先区。

3.**扩散能力**。雄虎能够扩散至距离很远的地方。报告表明，雄虎可以从出生地扩散100km以上，甚至可达1000km。雄虎在长途跋涉中寻找配偶，它很少在一个区域定居，除非找到雌虎。在中国距离边界较远的地方发现的东北虎，很有可能就是这种扩散的雄虎。无线电线圈跟踪的东北虎数据表明，雌虎很少能扩散这么远的距离(Goodrich *et al*, in press)。尽管目前的采样量还很小，现有数据表明雌虎很少从出生的领地扩散30-40km以上，通常雌虎可能继承其母亲的领地的一部分。因此，虽然雄虎有能力长途迁移，但这不会产生新的领地或新的种群，主要因为没有雌虎的存在。如此看来，在中国，猎物密度适宜的东北虎栖息地恢复将是一个“波浪式”的过程，雌虎从原来的家庭扩散较短距离后，建立它自己的领地，然后生育下一代，新的东北虎再进一步扩散。在确定保护优先区的时候应该考虑这种栖息地扩散方式：那些与现有种群相邻的保护单元(如邻近俄方的地区)最有可能在不久的将来成为东北虎的栖息地，因此应作为保护行动的最优先区。

4.**可持续种群的生存需求**。评估种群可持续性模型表明，如果成年雌虎的存活率下降到85%以下，东北虎种群数量就会下降，直至最终消亡(Chapron *et al*. 2008)。因此，维持雌虎较高的存活率是相当重要的。俄罗斯有关东北虎致死原因(Goodrich *et al*. 2008)的数据表明，人为造成的死亡（主要是偷猎）是最突出的。在中国东北的情况可能也是如此。在俄罗斯，道路对东北虎生存率的影响差别很大(Kerley *et al*. 2002)。道路为猎人和盗猎者提供了接近野生动物的机会，他们会捕杀有蹄类或直接杀死东北虎。因此，在评估东北虎栖息地过程中，考虑人类活动的影响是极其重要的，尤其要考虑道路对东北虎种群的影响。

5.**植被偏好**。东北虎倾向于避开开阔的景观，常常出现在森林栖息地或者是具有较高的草丛和植被覆盖的景观中。除了植被覆盖的需求，虎的分布还受其栖息地猎物密度的影响。俄罗斯的分析数据表明东北虎更多发现于红松落叶混交林，纯落叶林中(Miquelle *et al*. 2005)。它们很少利用针叶林和其他天然植被(湿地、草地和高山的区域)，几乎从不出现于农田中。这些偏好真正反映了东北虎猎物对栖息地的偏好，因此在中国东北虎栖息地分析中，植被偏好是非常有用的。

6.**可持续种群的大小要求**。生存于破碎化景观中的小种群面临极高的灭绝风险。种群灭绝的危险和生存率（尤其是雌性成体）与种群大小有关。如果东北虎种群的存活率相对较低（例如85%），则至少需要100头成年雌虎才能保证东北虎种群的长期存在(Chapron *et al*. 2008)。如果把这个指标转化为栖息地的面积需求，这样一个种群将需要40000 km^2的栖息地。只有通过安全的生态廊道网络将不同的栖息地斑块连接起来，使东北虎可以穿越不同的栖息地进行交配、繁衍，尽可能成为一个单一的大的东北虎种群，这样才能实现东北虎的恢复。种群的灭绝总是开始于栖息地的破碎化，成为很多的小面积的斑块，伴随而来的就是这些小斑块中小种群的局部灭绝。与大块栖息地不连通的小块栖息地，对东北虎保护意义很小。

东北虎栖息地界定

在定义东北虎栖息地之前，我们知道栖息地是生态学和野生动物保护中一个最容易引起误解的词语，不同的团体或在不同领域的人使用的这一词汇，意义上有较大差别 (Hall *et al*. 1997)。为了避免误解，保持一致性，我们接受栖息地的理论定义：决定生物定居、生存和繁衍后代的非生物的（气候、土壤、地形）和生物的（竞争、捕食）资源和条件(Sinclair *et al*. 1995)。因此，植被群落（红松）对于东北虎来说是非常重要的资源，但它不是全部，还需要其它资源和条件。此定义将栖息地的质量与种群统计清晰地联系起来，如在高质量栖息地中增加的种群存活率和繁殖率(即种群的增长) (Sinclair *et al*. 2005, Soberon 2007)。因此，在我们的报告中，我们将利用上述定义来确定栖息地、潜在栖息地和栖息地质量。

基于上述东北虎生态学、栖息地选择、食性和扩散的描述，我们为东北虎栖息地确定了一个统一的定义。东北虎的栖息地具有以下特征：较高的初级生产力森林植被，较高的东北虎喜食的有蹄类密度，较低的由于人类偷猎直接造成的东北虎死亡率，较低的因人类盗猎野生有蹄类而对东北虎产生的间接竞争影响。潜在的东北虎栖息地是指满足上述要求，但现在没有东北虎，或超出了东北虎的扩散范围，或面积太小，或缺乏高质量栖息地应具备的特性(如猎物密度)，不能保证东北虎的生存和繁衍。

东北虎栖息地模型

如果我们知道东北虎所需的生物和非生物资源的分布，即使没有东北虎的出现信息，我们也可确定中国东北虎的潜在栖息地。影响东北虎选择栖息地的因素很多，采用模型方法来整合这些变量，进行研究分析是非常方便的。从技术上来讲，东北虎栖息地分析最有效的方法是采用地理信息系统，在空间的尺度上同时整合多个变量，精确计算东北虎可以利用的栖息地斑块，并将各斑块有机地联系起来。

因为中国东北虎历史分布信息少，且无法精确预测现有东北虎的分布地点，所以非常有必要根据俄罗斯的东北虎种群信息来预测中国东北虎的潜在栖息地。中俄两国的植被类型和生态条件是十分相似的，如果我们能够充分地描述俄罗斯东北虎栖息地的空间参数，我们也可以利用这种空间参数来预测中国东北虎的适宜栖息地。

因为影响东北虎分布和丰富度的因素很多，最有效的方法是将这些因素整合，通过数学模型描述这些因素的影响。然而，几乎没有一个栖息地模型能全面反映各种不确定的因素来进行预测，且任何模型都有其局限性，因此，我们决定同时使用几个不同的模型来确定中国东北虎潜在栖息地。下面，我们先简要综述一下三种模型，即生态位因子分析模型（ENFA），资源选择函数模型（RSF）和专家模型。这些方法在栖息地分析过程中都会涉及。我们将分别阐述这三种模型在东北虎潜在栖息地评估中和优先保护区界定中是如何应用的。

生态位因子分析法

生态位因子分析法（ENFA），是由Perrin (1984), Hausser (1995) and Hirzel *et al*. (2002)开发的，利用类似于主要成分分析中的多因素分析方法，确定潜在的栖息地。ENFA利用的是研究区域的可获得数据来进行分析的。这种方法在缺乏数据，或难于获取数据，或不可能得到数据的情况下也是有效的。ENFA应用陆生哺乳动物调查数据，即出现点数据，已做了成功的分析 (Reuter *et al*. 2003, Zimmermann *et al*. 2006)，拥有无线电跟踪监测数据(Freer 2004; Zimmermann 2004)。

资源选择函数模型

资源选择函数模型（以下简称RSF），是一种空间直观预测回归模型，经常使用逻辑回归法进行估算，用于根据给定的一系列利用和可利用数据（类似ENFA），或存在–缺失数据来预测选定的栖息地。两种方法都依赖于拥有的“利用”数据点（即东北虎的出现地点），可利用的面积或未利用的面积，以及一组潜在（空间）预测变量。RSF已成功应用于蒙大拿和爱达荷州重引入棕熊的潜在栖息地及种群的大小的判定，美国中西部和东部森林狼栖息地扩张和种群大小的判定，以及许多其他濒危物种栖息地评价和累积效应评价。

应用RSF模型的主要目标是：

1) 基于俄罗斯在调查单元尺度上的雪地踪迹数据，建立最佳的东北虎栖息地预测RSF模型，然后在长白山研究区域进行推断

2) 探究只使用环境变量，在没有有蹄类分布数据情况下的潜在问题。通过对比俄罗斯东北虎模型，在有和没有有蹄类丰富度空间度量的情况下，对长白山景观进行推断

3) 结合RSF的推论与俄罗斯研究区域东北虎种群的估算，来预测中国长白山景观地区能够容纳的东北虎潜在数量

专家模型法

在中国关于东北虎分布的数据十分缺乏，而ENFA和RSF模型都基于俄罗斯方面的调查数据来提取预测东北虎分布区的参数，并以此为基础推演至中国长白山区(senus Boyce and Waller 2003)。这两种模拟方法的一个重要假设是，这些参数在俄罗斯远东地区和中国长白山景观区内是相似的(并且其计量方式也是相似的)，同时东北虎对这些参数的响应也是一致的。因此这样的假设可能并不完全正确（例如，俄罗斯远东地区的自然地理因素和长白山景观区还是有区别的），由于目前中国方面的相关信息不足，采用基于当地专家意见的专家模型，也是很有价值的(Johnson and Gillingham 2004, Sanderson *et al*. 2002, Doswald *et al*. 2007)。当然，专家模型中使用的参数，有时可能主观性更强一点，这种方法的主要优点是集合了当地专家的信息，与其它模型相比，也同样可提供实用的信息。

因为上述的这3种方法都可以满足预测的需要，所以我们决定使用3种方法来预测长白山区东北虎潜在栖息地。3种方法的比较也可以揭示各自的缺点或问题，3种方法的同时运用，则可以得到关于东北虎潜在栖息地的更为准确的描述结果。因此，对以上3种方法结果的平均，可能比用其中任一种方法的结果都更合理(Johnson *et al*. 2005)。

模型应用、栖息地斑块判别及其连通

在建模过程中需要有几个步骤来识别潜在的栖息地，确定走廊连接，确定优先的保护行动。ENFA和RSF两种方法定义了资源使用单元的可能性，因此，基本上可以用于确定高质量栖息地。但是低质量栖息地通常会被RSF或ENFA模型排除，而这些低质量栖息地仍可能适合虎在适宜栖息地之间的运动(Crooks and Sanjayan 2006, Chetkiewicz *et al*. 2006）。因此，在资源选择模式已经确定后，必须进行第二个程序，即识别“栖息地连接”（不只是狭隘的通道，而是所有可以连接斑块的栖息地）（Beier， Linkie *et al*. 2005）。通过可持续高质量栖息地斑块及其连接情况，可在整个景观区中标示出哪里是“东北虎保护优先区”（Dinerstein *et al*. 2007）。综上所述，东北虎保护优先区由一些潜在的高质量栖息地和次好质量栖息地组成的，次好质量栖息地环绕高质量栖息地并将它们联系起来，保证了东北虎的运动、扩散、繁殖和种群的可持续。

确定保护优先区之间是否存在和在哪里存在东北虎扩散通道的意义是重大的。最低成本距离分析可用于寻找最有可能的（最低成本）路径，使虎能在保护单元之间通行（Wikramanayake *et al*. 2004, Chetkiewicz and Boyce 2009）。文中所说的术语“东北虎保护优先区”，应存在虎的次级种群，最低限度来讲，要类似于三级虎保护景观（即存在一些东北虎的生境，但生境中存在中度至高度的威胁）。而由保护优先区和保护优先区之间的最低成本路径的组合则代表了潜在的I类虎保护单元（最多可以支持100虎的栖息地），这是由Dinerstein等人（2006年）定义的。

最后，为了确定保护单元和整个区域内的潜在虎种群数量（集合种群），我们应用RSF、ENFA、专家模型在俄罗斯保护单元的平均值比率，在长白山区进行推演，进而得出潜在虎种群数量（Boyce 和 McDonald 1999, Boyce 和 Waller 2003）。北美灰狼和灰熊的预测与恢复，就是成功的案例，即采用RSF模型进行建模和推演。通过模型方法，可以预测景观区所能承载的东北虎估计数量，预计采用的管理措施，以及有蹄类种群可恢复的程度，减轻人类对东北虎的负面影响，使东北虎恢复到俄罗斯的水平。分析的细节将在方法中描述。

项目区域基本概况

地理位置、范围与面积

本项目研究区涉及两大主要景观，即长白山区（包括中国吉林省东部，黑龙江省东南部和俄罗斯滨海边疆区西南部）和俄罗斯的锡霍特-阿林生态系统（俄罗斯滨海边疆区和哈巴罗夫斯克南部三分之一）。本项目仅包括锡霍特-阿林生态系统南部三分之一（如下）。整个研究区位于北纬40° 52′ ~ 47° 15′，东经125° 15′ ~ 134° 05′，包括中国东北部的长白山区（长白山、张广才岭、龙岗山脉），总面积为218, 784.7 km^2，其中中国所在区域面积148, 913.1km^2，俄罗斯所在区域81, 252.20km^2。

图 1. 项目区图

长白山景观区特点

地形地貌 研究区山峦蜿蜒重叠，地势起伏多变，呈现较为复杂的山区地形。包括中山山地、低山丘陵和玄武岩台地多种地貌。

长白山、张广才岭和龙岗山区山地高度在海拔800–1100m之间，相对高差500m以上。长白山火山锥体上的白头山海拔2689m，为东北第一高峰，图们江入海口处，海拔约5m，为本省海拔最低点。区域内江河众多、河谷狭窄、山坡陡峭，山脉常与河谷盆地相间分布，多呈东北、西南走向。

气候 研究区属温带大陆性季风气候。年平均气温-7.4~7.3℃，其中集安地区的年平均气温最高，为7.3℃，而位于长白山火山锥体上的天池气象站的平均气温仅为-7.4℃。1月份平均气温-18.6~-19.5℃，7月份平均气温19.8~21.7℃。极端最高气温37.6℃，极端最低气温-44.0℃。受东部海洋气候的影响，较为湿润，降雨充沛，区域内多年平均降水量519.5~1336.7mm，降雨量的最高点出现于长白山上的天池气象站，整个研究区域内西南部降雨量较为充沛。降雨期集中在夏季6~8月份。受到经纬度和地形地貌影响，不同地区无霜期差异较大，为80~151天，相差71天。初雪日期一般在10月上中旬，最大积雪厚度多在30~50cm，深山区最大积雪厚度甚至可达60~70cm。冬季风向多数是西北风，春秋季多为西南风。

水文 长白山区主要有松花江、图们江、鸭绿江和绥芬河、乌苏里江等水系。图们江、松花江、鸭绿江三大水系发源于长白山。

第二松花江是松花江主干流之一，长约790km，流域面积7.8万km^2，流经长白熔岩高原区（海拔千米以上）。河床以窄深、坡降大为特征。年降水量800~1000mm，植被覆盖好，年均流量为81.9m^3/s。它有南、北两个发源地，南源为头道江，北源为二道江。鸭绿江发源于长白山天池南麓，河长约790km，流域面积约31,751km^2。在研究区南部流淌。图们江源于长白山天池东麓，干流是中朝两国的界河，全长505.4km。

野生植物 在中国植物区系的分区中，长白山属于泛北极植物区中国-日本森林植物亚区东北地区（习称东北植物区或长白植物区）。但是，由于特殊的地貌成因和受到地质历史构造运动的影响，使长白山区既有古老的第三纪孑遗物种，属于欧洲和西伯利亚到北极圈的植物种，又有来自于南方亚热带的种类，以及华北区系和本地区的特有植物，形成特殊型的植被综合体。本区是许多古老植物的避难所，是整个欧亚东大陆北半球上物种多样性最丰富的地区，包罗了从温带至极地水平上数千公里的植被景观。

综合《中国植物红皮书》和《国家重点保护野生植物名录》(1999)，已知18科26种珍稀濒危植物列入国家级保护物种，包括乔木9种、草本8种、藤本9种。国家Ⅰ级保护植物有人参和东北红豆杉2种，都属于濒危物种；国家Ⅱ级保护植物6种；国家Ⅲ级保护植物18种。

野生动物 长白山区系属东北区长白山地亚区，野生动物资源丰富，目前已知脊椎动物30目81科379种。其中兽类6目19科63种；鸟类18目48科277种；爬行类2目4科15种；两栖类2目6科13种；鱼类2目4科11种。如表1。

表 1. 长白山区脊椎动物种类占中国脊椎动物种类的比例

条目	鱼类	两栖类	爬行类	鸟类	哺乳类
长白山区	11	13	15	277	63
中国	2084	279	376	1186	499
比例%	0.53	4.66	3.99	23.36	12. 63

在项目区中，有76种野生脊椎动物为国家保护动物，被列入国家重要保护动物45种，其中Ⅰ类保护动物9种，Ⅱ类保护动物有36种。

植被

植物群落可划分为5类。

红松针阔混交林：该植被是长白山区的地带性植被，由于长期的森林采伐，目前阔叶红松林分布面积已经大大缩减。阔叶红松林分布于海拔500–1100m，其林分结构为复层混交异龄林，针叶树种以红松（*Pinus koraiensis*）为主，混生有少量沙松（*Abies holophylla*）、红皮云杉（*Picea koyamai* var. *koraiensis*）、臭冷杉（*Abies nephrolepis*）；阔叶树有蒙古栎（*Quercus mongolica*）、水曲柳（*Fraxinus mandshurica*）、紫椴（*Tilia amurensis*）、糠椴（*Tilia mandshurica*）、色木槭（*Acer mono*）、黄檗（*Phellodendron amurense*）等。下木层主要有：毛榛子（*Corylus mandshurica*）、卫矛（*Euonymus alatus*）、刺五加（*Eleutherococcus senticosus*）、槭属(*Acer* sp.)的一些树种。草本植物有：山茄子（*Brachybotrys paridiformis*）、透骨草（*Phryma leptostachya*）、水金凤（*Impatiens noli-tangere*）、猴腿蹄盖蕨（*Athyrium multidentatum*）和羊胡

子苔草（*Carex callitrichos*）等。林中藤本植物也较丰富，主要有：东北山葡萄（*Vitis amurensis*）、北五味子（*Schizanda chinensis*）和狗枣猕猴桃（*Actinidia kolomikta*）等。土壤为暗棕色森林土。

落叶阔叶混交林：目前这种植被类型是长白山区面积最大、分布最广的一种植被。广泛分布于海拔500m以下的区域，也广泛分布于原为红松阔叶林的采伐迹地或火烧迹地上，类型多样，主要包括白桦、山杨林、蒙古栎林、落叶混交林等。白桦山杨林和落叶混交林主要为原生的红松阔叶林采伐后形成的演替早、中期群落，林龄一般为30–80年，群落结构较为复杂。乔木树种主要有：白桦（*Betula platyphylla*）、山杨（*Populus davidiana*）、大青杨（*Populus ussuriensis*）、春榆（*Ulmus propinqua*）、水曲柳（*Fraxinus mandshurica*）、蒙古栎（*Quercus mongolica*）、核桃楸（*Juglans mandshurica*）等，下木层及草本层与红松阔叶林类似。土壤为棕色森林土。

蒙古栎林主要分布在山的阳坡土壤相对比较贫瘠的地带，乔木以蒙古栎为绝对的优势树种，偶有其他的阔叶树种，林下灌木和草本不发达。土壤为棕色森林土。

针叶林：区域内的针叶林主要包括天然针叶林和人工针叶林两种类型。天然针叶林主要包括云冷杉林和少量的落叶松林（Larch forest）。云冷杉林在长白山地区主要分布的海拔高度为1100–1700m，该林型的乔木树种主要为：鱼鳞云杉（*Picea jezoensis*）、红皮云杉（*Picea koyamai* var. *koraiensis*），混生有臭冷杉（*Abies nephrolepis*）等。林下植物稀少，常见的下木有花楸（*Sorbus pohuashanensis*）、紫枝忍冬（*Lonicera maximowiczii*）、蓝靛果忍冬（*Lonicera caeaulea* var. *edulis*）等。草本植物主要有星叶兔儿伞（*Caralia komaroviana*）、一枝黄花（*Solidago virga-aurea*）、类叶升麻（*Actaea acuminata*）、二叶舞鹤草（*Majanthemum bifolium*）、林奈草（*Linnaed borelis*）等。地面多着生各种苔藓和地衣。土壤为棕色针叶林土。人工针叶林主要为人工种植的针叶林，主要类型包括落叶松人工林、樟子松林、红松林和少量的云杉林，人工针叶林在长白山区一般呈小面积零星分布，海拔范围一般为400–800m。

其他的植被类型：包括其他的人工植被类型以及小面积出现的天然植被类型，人工植被主要包括农田、果园等；其他天然植被包括岳桦（*Betula ermanii*）林、泥炭沼泽、草地及灌丛等。

行政区划及人口

规划区中国部分包括吉林省4个地区，21个县、市、区，面积为88317.45km²，共有271个乡镇以上的居民点，有人口638.00万人；黑龙江省包括3个地区，11个县、市、区，面积为60595.63km²，共有152个乡镇以上的居民点，有人口534.01万人(人口数据及乡镇数据主要来源于2000年第5次全国人口普查数据，来自www.xzqh.org)。规划区的人口分布如图2。

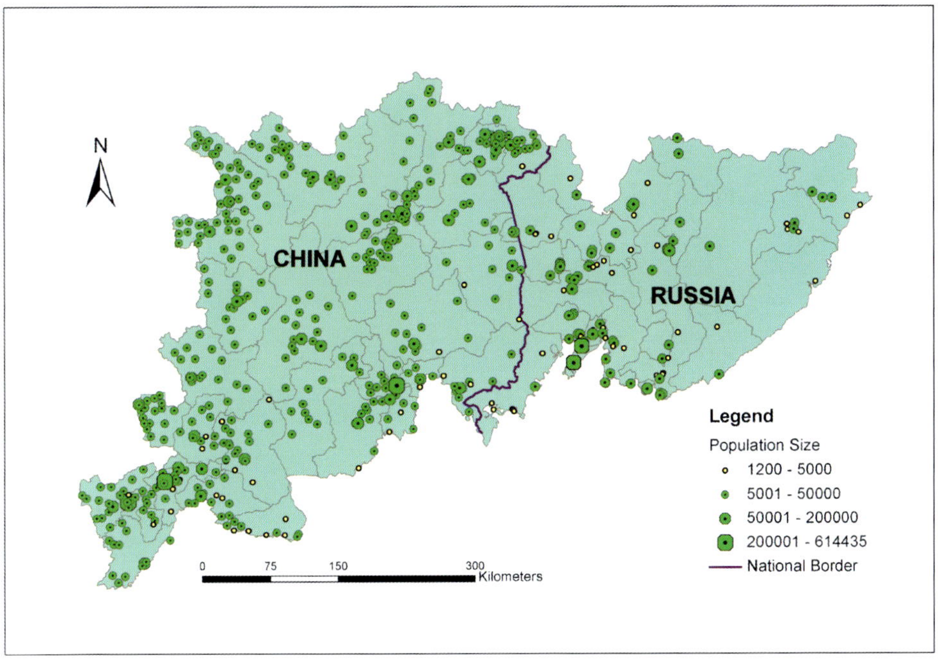

图 2. 长白山景观区及锡霍特-阿林山脉山地生态系统的主要居民点

锡霍特-阿林景观区特点

俄罗斯远东地区的东北虎地理分布由南向北延伸整个滨海边疆区（省），进入哈巴罗夫斯克南部，长度达1000km（图3）。该地区以锡霍特-阿林山脉为主体，属于低山（山高海拔500-800m），南自符拉迪沃斯托克，北至阿穆尔河河口，与日本海平行走向。

东北虎只生活在有森林覆盖的区域，包括70%强的滨海边疆区面积和整个哈巴罗夫斯克南部(210,000 km²)。典型的东北虎栖息地是红松(*Pinus koraiensis*)落叶混交林，以及纯粹的落叶林。大多数这些森林已在过去的不同时期被择伐，人类活动以及森林火灾，导致许多低海拔森林转化成次生林，蒙古栎和桦树林。海拔700-800m以上，多为云杉(*Picea ajanensis*)-冷杉（*Abies nephrolepis*）林，普遍存在于锡霍特-阿林山脉中部。

锡霍特–阿林山脉由南至北，环境条件差异很大。其南部针叶林为主的海拔过渡带，海拔约达800m，向北则海拔逐渐下降，至北纬47° 20 '，针叶林在海岸线分布。

俄罗斯远东地区（东北虎的栖息地），大约有2万人，其中约三分之二的人口集中生活在5个大的城市中，村庄散布在有森林覆盖的地区，村民伐木、狩猎和采集非木质林产品很普遍，在有的地方，这些活动很频繁。由于大范围的择伐，东北虎栖息地里集材道在整个锡霍特–阿林山脉大部分地区都很密集，且已形成网络。

为了进行比较和外推出东北虎在长白山栖息地，我们选择了跟中国条件最相似的（锡霍特–阿林山脉南部三分之一的区域和滨海边疆区西南部进行研究（图3)。因此，ENFA和RSF模型使用了滨海边疆区南部的东北虎分布数据和其他参数，然后应用到长白山区域。专家模式则以长白山区域的环境预测因素为主进行分析，然后应用到滨海边疆区南部进行验证。研究区由俄罗斯锡霍特–阿林山脉和中国长白山地区构成，总面积218,784.7 km^2，其中俄罗斯81,252.20km^2，中国148,913.1km^2。因为缺乏朝鲜的东北虎相关数据，所以研究区不包括朝鲜，尽管它很可能是东北虎的潜在栖息地，包含着俄罗斯东北虎源种群与中国潜在栖息地的连接通道（见下文）。

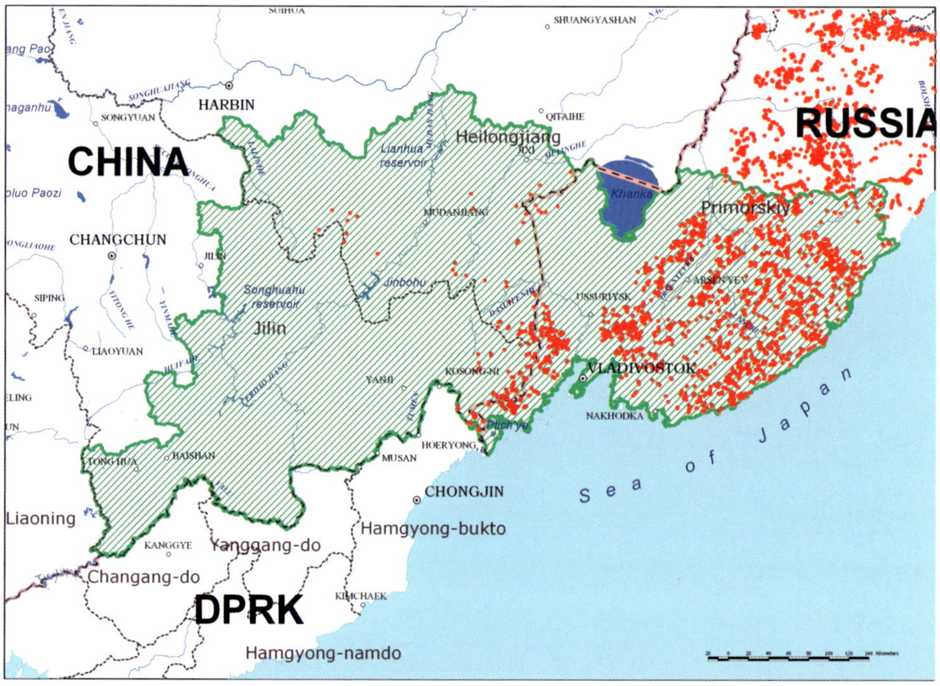

图 3. 长白山景观和锡霍特–阿林山脉南部生态系统，发现虎位置（红点标记）的数据源自2005年俄罗斯的虎调查和中国从20世纪90年代后期调查

方　法

数据描述和分析

东北虎及有蹄类猎物调查描述（出现点数据）

我们用的虎和有蹄类猎物数据是2004/2005年冬季在俄罗斯所有潜在东北虎栖息地收集到的，并在2005年2月到3月做了为期3周的样线调查。样线设计跟1995/1996年做的调查相似，都包括调查单元、样线和老虎与有蹄类动物踪迹发现地点的记录和坐标。整个东北虎分布区被分为抽样单元（通常是基于传统狩猎单元），然后在每个样本单元（或大部分样本单元）内，一些样线可以通过车辆、雪橇，或者徒步/滑雪人员，包括林业和野生动物专家，以及训练有素的猎人来实现。发现老虎踪迹的次数和位置记录在1:100 000的地图上，其他资料包括虎性别，家庭数量（比如雌虎带小虎的情况）也记录在内。在冬季调查中，总共记录了1271条老虎信息，有595条信息分布俄罗斯滨海边疆区南部研究区，参见图3。这些信息被用于校准/验证ENFA及RSF栖息地模式。在有蹄类动物方面，发现的地点，物种和群体规模都记录在了1:100,000的地图上。由于高海拔地区的积雪深而且不易融化，深雪区限制了有蹄类动物和老虎的活动，海拔高于 800m的地区一般就不进行调查。虎数量的估计是基于专家评估或者踪迹预算法(Miquelle *et al*. 2006) 。在有蹄类动物方面，足迹链的丰度就是有蹄类丰度的指示指标，见Miquelle 等在2006年发布的收集冬天踪迹数据的详细说明和所使用的方法。

要在两个空间尺度来分析数据，先在调查（抽样）单元的尺度上，然后再更细些，达到抽样单元内的样线尺度。我们指的是这两个空间尺度上的抽样单元，然后是踪迹调查尺度。图4表明两个取样尺度与抽样单元多边形，老虎的出现点用红色标注（调查单元无老虎踪迹则用灰色标注），老虎在单元内调查样线沿线的空间位置用蓝点标注。老虎存在与否的信息无论是在抽样单元或者样线的尺度上都可以归纳分析。与每个尺度相关的空间变量都可以在尺度上进行区分。例如，某一抽样单元的平均海拔，或调查虎踪迹时的估计海拔。分析的精细空间尺度沿踪迹是比较复杂的，因为样线的位置是非随机和有偏差的，例如踪迹往往倾向于出现在沿现有的森林公路或靠近公路的地方。

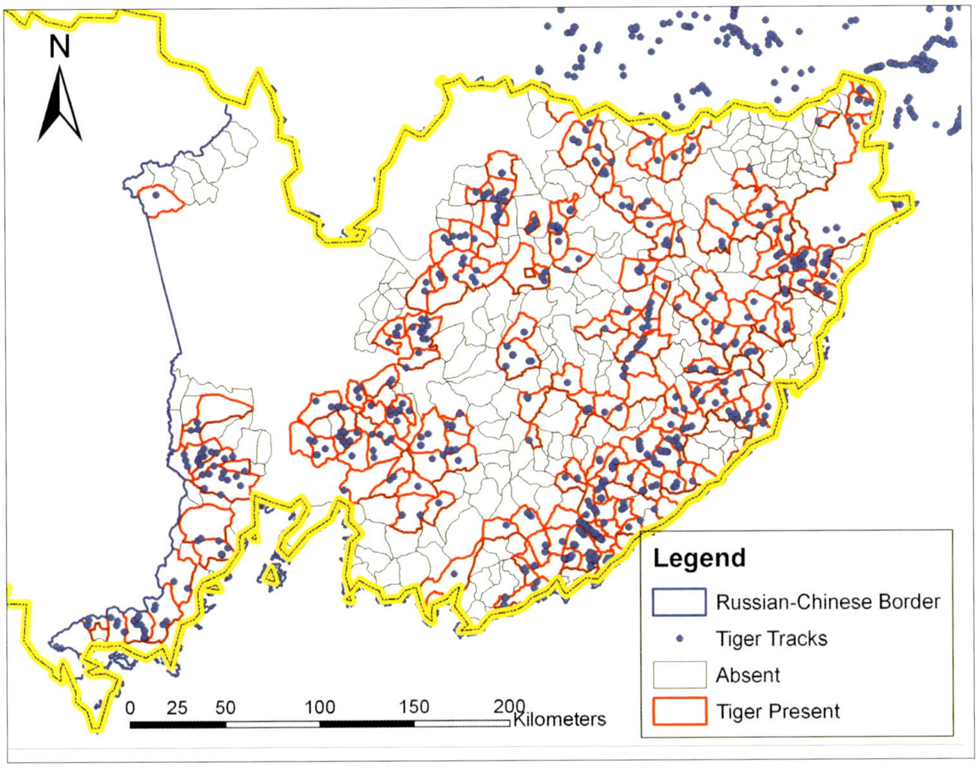

图 4. 俄罗斯滨海边疆区南部东北虎调查显示，资源选择功能中使用的抽样单元设计中有抽样单元（多边形），虎出现的用红色标记，无虎出现的用灰色标记。这些被视为利用和无利用的设计，都可以通过RSF模式推广到中国长白山研究区。

景观预测变量：数据描述

海拔——ENFA和RSF，我们使用了从航天飞机雷达地形测绘使命（ SRTM ）获得的数字海拔（DEM）。这个数据集有一个3弧第二项决议（约赤道90m），也可以用于整个世界。数据处理使用的是美国航天局和美国地质勘探局所描述的方法（Reuter *et al*. 2007）。第一个处理阶段涉及引入和合并成连续海拔表面。第二个进程反复填补漏洞和清洁表面，以减少低谷和高峰。第三阶段通过一系列方法根据漏洞大小插值漏洞和漏洞周围的地形。更多方法细节以及整个数据集可在http://srtm.csi.cgiar.org/找到。专家模型法是利用DEM通过ARCGIS9.2空间分析扩展软件计算出坡度、坡向和山影，同时也使用了DEM SRTM数据（自http:// glcfapp.umiacs.umd.edu网站），精度为78.5m。

净初级生产力——我们使用了卫星计算峰值法计算从地球观测系统的MODIS（中分辨率成像光谱）在2004年（ 5月1号至9月30号）这一生长季节的净初级生产力（NNP）(Running *et al*. 2004, Turner *et al*. 2006) 。净初级生产力是在kg/hm^2单元，以$1km^2$的算法为基础，这种算法结合遥感植被指数（归一化植被指数---NDVI，吸收光合有效辐射--APAR ，Huete et al. 2002）和$1km^2$每日网格化全球气象（降水，气温，云层(Mu *et al*. 2007) 获得NPP的估计值，参见Running *et al*. (2004) 的全球NPP一般说明和Heinsch *et al*. (2003)的一份详细的用户指南。在长白山区域（图5 ），初级生产力最高的地区是沿东南边界的地区，最低的是在周围农业区，中间的范围主要是在森林(Running *et al*. 2003) 。

积雪——我们在2004/2005年度冬季（ 11月1号至4月30号）使用的积雪指标用百分比计算（ 0-100 ）。每$500m^2$MODIS卫星像素，这是在被积雪覆盖的基础上MOD10A的积雪值(e.g, Klein *et al*. 1998, Huete *et al*. 2002)。重要的是，积雪深度已被证明是相关措施的遥感积雪。我们获得的NPP和积雪直接从蒙大拿大学的数值土地动态仿真组（ NTSG ）作为MOD17A3和MOD10A产品，从MODIS卫星获得。在长白山地区，虽然有一个从西南向东北（高）的梯度降雪，这不是仅仅通过海拔得到的数据，但是最深积雪一般发生在海拔较高区域。

土地覆盖——关于中俄边界的数据来自于联合研究委员会（2000），基于Spot2和Spot4 http://geoserver.isciences.com:8080/geonetwork/srv/en/metadata.show?id=55) 的空间影像。中方其他数据来自于Landsat7 TM/ETM及影像。森林类型是根据占优势的上层林物种来确定的，并视具体情况进行优化。调查林斑定义为1 km x 1 km。我们将土地覆盖归为四个类型来分析：红松落叶混交林，纯落叶林，针叶林以及其他自然植被，和人力为主的景观。

道路——俄罗斯道路数据来自于1973年Vmap0的官方测量数据，可供下载，数字化的比例为1:100,000，并由WWF根据2008年道路图进行更新 。在中国，道路数据来自国家地理信息中心的1:250,000的基础地理信息数据。我们把道路根据交通量分为3个类别 ：低使用道路（主要是森林运材道），二级公路（未铺面或很少使用的铺面过的公路），有中等水平交通量，还有主要道路（高速公路）具有高的交通量（图5）。

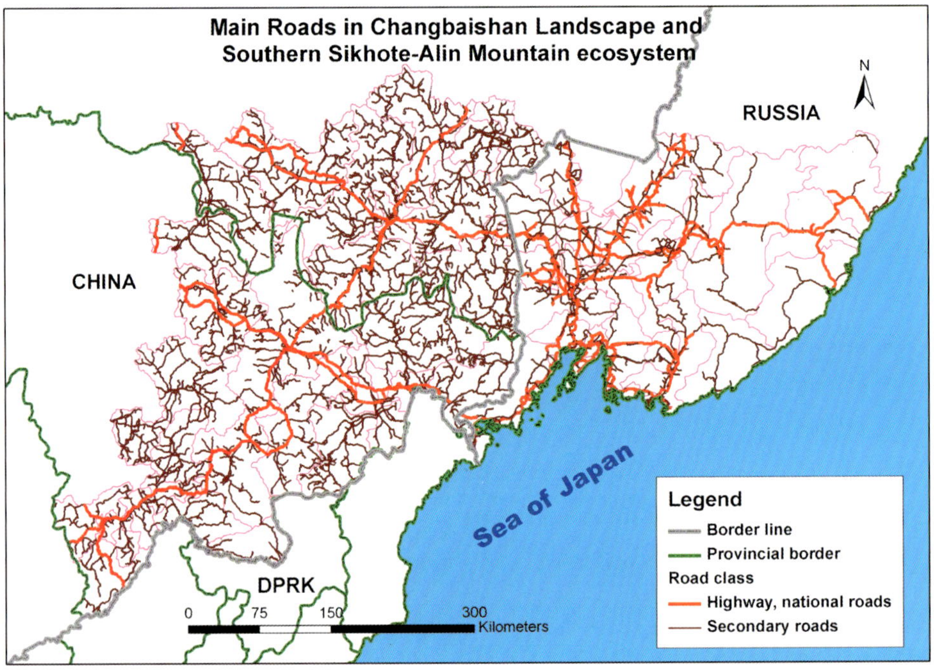

图 5. 长白山景观区及锡霍特-阿林山地生态系统主要道路（高速公路）和二级路(未显示未铺设石砖或柏油的采代道路)

居民点——俄罗斯数据来自1985年俄罗斯地形图（1:500,000）和Landsat 7从1999-2001年的更新卫星图像，人口规模的定居点来自Vmap0数据。在中国，居民点数据来自国家地理信息中心的1:250,000的基础地理信息数据。因为只有点的数据，把俄罗斯的部分研究区域定居点多边形转化成点型文件来分析。我们根据定居点人口规模，定义了2类：村庄（少于20 000 人）和城市（20 000人以上）。专家模型使用的村庄密度是根据100 km^2 (10 km × 10 km)移动窗进行计算的。

有蹄类猎物——中国方面关于有蹄类的相对密度(足迹链/公里)数据来自于黑龙江省和吉林省野生动物专家基于1999-2000年国家林业局开展的全国野生动物普查的数据估计而得到的估计单元为225km^2栅格的平均密度，然后将其转成200m × 200m 的连续点密度。俄方猎物相对丰富度数据来自2005年冬天的调查数据（见上文）。专家模型外推至俄罗斯的踪迹密度（马鹿，野猪，梅花鹿，狍子）进行加和平均得到的，考虑了在每个调查单元的所有调查路线。对于RSF模式，踪迹密度/km^2是作为每个调查单元中每一物种的一个单独的输入变量。主要是因为中俄两方在数据收集方面存在差异，同时中方的有蹄类密度数据精度不够，不宜于数据运算，因此在使用专家模型法外推俄罗斯栖息地时，没有使用有蹄类数据。

表 2. 用于三个建模过程的预测变量

变量	来源	使用情况		
		ENFA	RSF	Expert
1.海拔	Srtm	X		X
2.坡度	Srtm	X		
3.山影	Srtm	X		
4.坡向	Srtm	X		
5.净初级生产力	MODIS	X		
6.积雪覆盖	MODIS	X		
7.针阔叶混交林	WWF, WCS	X	X	X
8.落叶阔叶林	WWF, WCS	X	X	X
9.针叶林和其他天然植被	WWF, WCS	X	X	X
10.人类主导的景观带	WWF, WCS	X	X	X
11.村庄[a]	WWF, WCS	X	X	X
12.城市[b]	WWF, WCS	X	X	X
13.低利用道路	WWF, WCS	X	X	
14.二级路	WWF, WCS	X	X	X
15.主要道路	WWF, WCS	X	X	X
16.马鹿踪迹密度	Miquelle et al. 2006		X	
17.野猪踪迹密度	Miquelle et al. 2006		X	
18.梅花鹿踪迹密度	Miquelle et al. 2006		X	
19.狍子踪迹密度	Miquelle et al. 2006		X	
20.总的猎物密度（总和16-19）	Miquelle et al. 2006			X

a专家模型村庄密度10km×10km窗口，距离城市、县、乡镇分别为10km、5km和2km。ENFA使用距村庄和城市的距离，RSF同时使用距离和密度

b专家模型使用城市三级分类，即城市、县和乡镇

栖息地模型分析方法

生态位因子分析法（ ENFA ）

生态地理预测变量首先被减量为数量较少的不相关的正交因子，这是一种类似主成分分析的程序。第一个因子解释了该物种的所有边际性，即该物种占据生境条件的平均值与研究区环境条件平均值的差异程度。其他的因子解释了该物种的特殊性，即该动物物种如何选择整个研究区域内提供的环境条件范围，通过比较该物种选择的环境因素的标准差与整个研究区域内该环境要素整体的标准差来求算。只要

某一因子的特征值高于MacArthur's Broken-Stick分布的预测值，则该因素就被保留下来(Jackson 1993) 。通常，几个因子就足以代表大部分的信息，各因子的信息量可以通过每个因素的环境空间维度的权重来体现。减量后的因子以及其独立性，使得它们比大量的初始预测因子更易于理解和使用。

首先，为评价俄罗斯东北虎生境而建立的ENFA模型，就包括了表 2中的所有变量。为了得到一个不丢失过多信息的简单的应用模型，对于特殊性和边际性贡献很低的变量，如果其与保留下来的任意二个变量之间的协相关超过0.7的阈值，就剔除该变量。根据这些保留下来的因素确定的物种分布，可以计算中国长白山区中东北虎的一个生境适宜度指数(0 ≤ HS ≤ 100)，其计算所需的预测因子集与建模时所用的因子集是相同的。4种算法（中间值、调和平均值、几何平均值、最短距离）都可以用于计算栖息地适宜性指数(详见 Hirzel & Arlettaz 2003)。在我们的案例中使用的是几何平均值算法。ENFA分析通过使用Biomapper 4.0软件实现 (Hirzel *et al*. 2007)。

生态位因子分析法模型的评估验证（ ENFA ）

在俄罗斯，我们将老虎出现区域分成2km × 2km的小格，根据k-fold分割设计，将上述东北虎出现栅格划分成不同的交叉验证组(Fielding & Bell 1997)， 在本分析中我们用的K值为10。使用交叉验证程序，我们利用ENFA分析方法，将10组交叉验证数据中的9组进行反复的训练。验证是基于剩余的1组测试数据。这个程序可以为每种评价方法提供10个值，然后求出其平均值和标准偏差。我们使用三个评估方法进行计算，第一种评估方法，绝对验证指数（AVI）是指栖息地适宜度大于50部分所占的比例，这种方法可以显示该模式能多好的区别出适宜性高的区域和低适宜度区域（hirzel&Arletta 2003; Hirzel等2004），绝对验证指数(AVI)的数值范围为0至1。

第二种评估方法，对比验证指数（CVI），等于绝对验证指数减去一个空模型的绝对验证指数（此模型随机地预测栖息地的适宜性），表明绝对验证指数(AVI)和一个随机模型得到的AVI有多大的差异(Hirzel & Arlettaz 2003; Hirzel等. 2004)；CVI的取值范围为0至AVI。以一个任意的阈值为基础（栖息地适宜性为50），这两种方法决定了模型对于区分东北虎出现点和非出现点的效果如何。第三种评估方法，即博伊斯的K-倍交叉验证指数（Boyce等2002），提供了一个关于模型预测能力的、更加连续的评估（Hirzel等2002）。K-倍交叉验证运用的逻辑是，如果该模型能预测东北虎适宜的栖息地，那么在对应的生境(集合)中，观察到的东北虎频率与这些对应生境的质量级别之间，应该是有关联的。预测模型被划分为4等份(Boyce指数B4；参考Sattler等，2006)，按其值从0-100进行划分，同时评估集合中东北虎出现单元的数量，按级别进行分类计数。结合整个区域内每个级别生境面积的信息，这样就可以得到每一个生境集合中东北虎出现的预测-期望频率。在每一个生境集合中，交叉验证单元的面积，调整频率与该集合等级之间的斯皮尔曼等级相关系数，可以通过Boyce等(2002)描述的每一种交叉验证模型来计算。

生态位因子分析法（ENFA）方法向长白山景观区的插值/外推

对于实践应用的生境适宜度模型，通常用研究区域内的一些数据点来进行验证，因此该模型从技术上讲，也仅仅在研究区域内是有效的。然而，在本研究中，ENFA模型是通过俄罗斯部分提取的数据建模，然后再推演到更大范围的长白山区域，因此这就意味着在一个不属于该模型校验部分的区域内进行预测。我们在本分析中，利用Biomapper4.0软件中的“外推”工具(Hirzel *et al*. 2007)，对整个长白山景观区进行ENFA模型的插值/外推。外推模型的分辨率设定为50m(此值越小，则生境适宜度图越平滑)，外推模型的允许百分比为± 10%，即意味着生境适宜性的值，将在原有因子值组合的范围基础上，有上下10%的波动。这个“外推”工具，也提供了关于模型泛化的背景下单元的状态信息(据Hirzel & Le Lay, 2008)。它可以区分：i) 直系单元，即其因子值组合位于模型的建模区(原有的俄罗斯区域)；ii) 插值单元，其因子值组合不位于初始建模区域，但其值的范围仍处于原有值的范围内；iii) 外推单元，其因子值组合范围超出了原有值范围，但它仍然位于外推模型的边缘区域内；iv) 不能计算的单元，因为它不位于外推区域内，因此其生境适宜性指数无法计算。在新生成的生境适度性指数图中，其置信度从第i种至第iv种逐渐降低。一般来讲，内插值是可以接受的，一般也是不可避免的；而外推的结果可能有一定的风险，因此其使用必须要十分谨慎。

现有的数据

本分析中，在俄罗斯滨海省南部景观区中，我们设定了2km×2 km的栅格的分析单元，如果在2004-2005年的同步调查中，这样一个单元中存在一条虎的踪迹，则该单元就做东北虎的“存在点”数据。按以上的定义，整个俄罗斯部分的出现点数据为441个。

在长白山景观区中应用预测参数进行生态位因子分析法（ENFA）分析

整个长白山规划区域(包括俄罗斯远东地区的南部区)中，所用到的图层均为栅格图，其坐标系统为UTM 52N，整个区域内的栅格一共有56,141个。模型分析中，每一个栅格中所用到的预测参数描述的数量特征概括于表2中。根据这些信息，我们在每个2km × 2 km栅格的周围以半径5km的圆形区域进行了邻域统计：4种土地覆盖类型的频率；海拔高度、坡度、坡向、山影、净初级生产力、积雪覆盖以及低利用率道路、次级道路和主要道路的平均核密度(kernel density)的平均值及标准偏差。在研究区域内所有栅格单元距村庄和城市的欧氏距离，也作为一个独立的参数，用于模型的分析(见表2)。为了进行模型的校正和验证(这一工作仅能在俄罗斯规划区进行，因为该区域内的东北虎出现数据完备，见图3)，所有的环境参数在进行分析之前，都要进行边界的统一化，以保证它们都是俄罗斯远东南部区，包括19,545个2km × 2 km的栅格。在分析之前，所有数据层空间配准后的环境参数，都要尽可能地通过Box-Cox变化来实验数据的标准化(Box & Cox, 1964)。而对于整个长白山景观规划区的原始环境变量，则不用进行数据转换，这些变量将直接用于模型的外推。

资源选择函数模型（RSF）

在预测长白山景观带东北虎的潜在栖息地时，我们采用了抽样单元（见上文东北虎和有蹄类数据部分，图1）作为适当的分析尺度，因为它与需要的生物学尺度相符。Johnson（1980）将动物对栖息地的选择，划分为4个等级尺度，即第一尺度代表一物种的分布范围；第二尺度与动物个体建立家域相关的尺度（这是在中国重建东北虎种群所需的过程）；第三级选择代表一家域范围内的生境选择，以及第四级选择常常是食性或更小尺度的选择，以老虎为例，就是对有蹄类猎物的选择。如前所述，东北虎扩张进入中国的关键是依靠扩散，也就是Johnson（1980）定义的第二尺度上的栖息地选择过程。在Primorski Krai南部，抽样单元的平均面积为135 km^2，与一头雌性东北虎的平均家域面积大小相当（Goodrich等，待发表），因此被选择作为分析的适宜尺度。

资源选择函数模型（RSF）

我们的目的是使用Miquelle等人（2006）在Primorski Krai南半部研究东北虎潜在栖息地收集的数据，在上述抽样单元尺度上，找出东北虎在长白山景观带的潜在栖息地（见图4），然后结合ENFA模型，外推至长白山地区景观带东北虎的潜在栖息地状况。在抽样设计时，我们比较了东北虎在利用与未利用抽样单元之间的资源选择情况，根据东北虎存在–缺失的设计（图4），在东北虎个体数量不清楚的地方，这种推断在种群水平上是合逻辑的（Manly等，2002）。我们在抽样单元尺度上获得预测变量的估计值，计算了东北虎利用（存在）和未利用（缺失）抽样单元的变量的平均值（道路密度、森林类型1所占的百分比等）。然后用逻辑斯蒂回归法比较利用和未利用抽样单元，公式如下：

$\hat{w}(x) = \exp\tilde{(}\ \beta X) / (1 + \exp(X\beta))$　　　(方程1)

其中 $\hat{w}(x)$ 是函数变量xn的选择概率，˜ 为截距，X β 是从协方差系数向量，

利用固定效应逻辑斯蒂回归法从　$\beta_1 \ddot{o} x_1 + \beta_2 \ddot{o} x_2 + \ldots + \beta_n \ddot{o} x_n$　(方程2)

中获得（Manly等，2002）。在应用存在–缺失设计时，$\hat{w}(x)$ 是一个实际概率，被称作资源选择概率函数（RSPF）（Manly等，2002）。

与ENFA模型相比，RSF模型采用的是更为普遍的多元回归法，来确定一批用于定义潜在栖息地的协变量，正因为如此，模型的构建必需要处理协变量选择、多重线性筛选、模型选择及模型评价（拟合优度），以及针对所有栖息地模型，评估模型的预测能力等问题（Pearce和Ferrier 2000, Boyce等2002）。按上述步骤产生的RSF模型通常为一线性函数（逻辑斯蒂线性形式），由上述公式1给出的一系列独立的预测变量的组成的线性函数。从这个意义上讲，ENFA与RSF的唯一真正区别在于，在混淆、共线性以及模型选择难度等方面RSF模型对协变量值的解释更加容易。

我们通常使用与ENFA模型相同的一系列空间预测变量（表1）。但是，对于每个调查单元，我们运用ARGIS 9.3的分区统计功能计算每个连续协变量的平均值。对于已确定的协变量，我们计算调查单元的4种土地覆盖类型中每一种的百分比。为了实现中国的RSF空间预测，我们使用了半径为6.6 km，相当于135 km^2的圆形移动窗口来进行空间尺度变量分析。

我们采用了2000年Hosmer和Lemeshow使用的单变量及逐步模型选择分析方法。首先，我们使用临界值r=0.5筛选可能存在共线性的变量（Menard2002），然

后评估每个单变量的重要性，使用二次方程($x+x^2$)和分数多项式寻找线性及非线性效应(Hosmer and Lemeshow)。接下来，根据我们已知的东北虎生物学知识，加上一些可能的限制条件，包括各种道路和土地利用类型间的相互作用，这些限制条件参考了其他相似的食肉动物的研究结果 (Hebblewhite and Merrill 2008)。一旦确定每个单因素变量的最佳函数及相互作用条件，我们将其纳入最佳全包模型，然后采用AIC法对模型进行逐步选择(Burnham and Anderson 1998)。通过系统移除和添加变量来测试保留下来的变量间的混杂度，以确保这些变量混杂度不会过高；利用方差膨胀因子检验测试滞留变量的共线性关系(Menard 2002)；采用连接测试(Hosmer and Lemeshow 2002)、似然比卡方检验以及剩余误差估计法检验模型的拟合优度；使用pseudo-r^2，逻辑斯蒂回归诊断，如ROC（受试者操作曲线）以及连续分级等方法评估最优模型的预测能力。尤为重要的是，在构建栖息地模型时，我们评估RSF模型预测能力的方法与评估ENFA模型的方法相同，即使用5个从俄罗斯老虎数据中随机抽取的子集，进行最优模型结构间的k重交叉检验 (Boyce 等2002)。

有蹄类协变量与仅有环境协变量的资源选择函数模型（RSF）模型的比较

进入模型的变量类型显然对模型预测潜在栖息地的成功率上有着巨大的影响。对于像东北虎这样的大型食肉动物来说，我们已经非常清楚，关键猎物的分布和数量是决定东北虎分布及数量的关键因素(Karanth 等 2004, Miquelle 等，待发表)。因此从理论上说，包含猎物密度变量将会极大提高模型的预测力。虽然俄罗斯有东北虎的猎物密度的数据，但中国却没有类似精度的数据。因此，我们试图分两个阶段来构建模型：1）首先构建RSF模型，包括关键猎物种群的分布信息，代表尽可能完善的模型；2）然后寻找其他的与猎物分布有关联的环境变量，纳入到一个可在两国都使用的模型。

为验证有蹄类的分布和密度对预测东北虎栖息在哪里很重要这个假说，我们在上一节选定的最优模型中，加入了每个调查单元进行样线调查时记录到的动物踪迹密度的空间变量，包括东北虎的4种有蹄类猎物：马鹿、野猪、狍、梅花鹿。然后我们使用逐步模型法去除在有蹄类变量存在情况下的无意义变量。

专家模型法

专家模型使用的预测参数与ENFA和RSF模型所提取的参数类似(表1和表2)。然而，和前二种方法不同的是，专家模型中使用的参数不是根据俄方的数据建模后再推演至中方来得到东北虎的潜在生境，而是直接对选定的几个参数进行分类赋值，赋值越低，说明东北虎在该生境中生存的风险越小，生境质量越高。这些参数的赋值基于对东北虎生境需求的理解的基础上，并同时考虑人类主导的景观对东北虎的潜在影响。以下是专家模型法的主要假设：

1.在长白山景观区中，大片的森林（大于500km^2）和中度海拔是东北虎潜在栖息地判定的必要条件

2.猎物种群（马鹿、野猪、狍子、梅花鹿）的出现率和丰富度，是潜在东北虎栖息地成为适宜栖息地的限制因素

3.目前在长白山景观区发现的东北虎地点，并不代表是东北虎的最适栖息地，因此根据现有东北虎出现点导出的主要参数，不能用于东北虎适宜栖息地的判定

依据上述假设和可获得的数据，专家模型主要考虑了5种因素，分别是：海拔高度、土地覆盖类型、有蹄类的相对密度、距公路的距离以及居民点的影响(包括村屯密度和较大居民点的影响)。分析中假设中海拔区域比低海拔区域(人类利用强度极大)和高海拔区域(植被质量较不适合)更适合东北虎生存，这种假设与RSF的分析结果也是一致的(见下文)。针阔叶混交林和落叶阔叶林比针叶林以及其他天然植被(如湿地、草地、灌丛等)更适合东北虎生存，这也被一些分析研究所证实(Miquelle *et al*. 2005)。关于有蹄类密度，有蹄类密度的值较高则其赋值较低，更适合于东北虎的生存；离公路越远，以及居民点密度低的区域也都是对东北虎生境选择有利的方面。以上的5个因素的值最后都统一赋值为200m × 200m (40,000m^2)的栅格图。

东北虎栖息地评价

先对表3中三个自然变量进行栅格评估：

东北虎潜在生境代价值——海拔代价值+土地覆盖代价值+有蹄类密度代价值

由于中国有蹄类密度信息较旧，不准确，我们进行了二次分析，即只考虑两个变量（海拔＋土地覆盖）

人为因素的影响可以表达为：距道路距离的代价值+居民点影响的代价值

将自然因素的生境代价值与人为影响的代价值相加，就可以得到东北虎潜在生

表 3. 专家模型中5个因素的成本赋值(成本/代价值越低，则对其的生境选择就越有利)

因子层	适宜级别	代价赋值	标准
海拔	最适	1	400-800m
	适宜	2	200-400m, 800-1500m
	次适宜	4	<200m, >1500m
土地覆盖	最适	1	红松落叶混交林
	适宜	2	纯落叶林
	次适宜	6	针叶林及其他天然植被
	不适宜	15	人类为主的景观
有蹄类	最适	1	0.5625-0.75足迹链/km
	适宜	3	0.375-0.5625足迹链/km
	次适宜	6	0.1875-0.375足迹链/km
	不适宜	12	0-0.1875足迹链/km
距道路的距离	最适	1	高速公路及国道两侧>5km，省道、铁路及县道两侧>3 km
	适宜	2	高速公路及国道两侧2-5km范围，省道、铁路及县道两侧1-3 km 范围
	次适宜	6	高速公路及国道两侧0-2km范围，省道、铁路及县道两侧0-1 km 范围
居民点影响	最适	1	村屯密度0-2/100km^2,
	适宜	2	村屯密度3-6/100km^2,
	次适宜	6	村屯密度7-19/100km^2,
	不适宜	12	大城市中心10km半径的圆形区域，县城或县级市中心5km半径的圆形区域内以及乡镇中心2km半径的区域内

境的综合代价值。为验证专家模型的有效性，以同样的标准对俄罗斯远东地区的规划区（ENFA，RSF模型结果）进行了东北虎潜在生境的评价(图 3)。

模型平均与三种建模方法的比较

我们将3种模型的结果统一重新调整为0（不适宜）-100（适宜）之间的结果，然后将这3种结果平均后计算得到了一个综合的生境质量指数。RSF方法的栖息地适宜值区间为0-1.0，然后乘以100进行模型平均。专家模型法栖息地适宜值为4（适宜）-37（不适宜），模型平均是采用以下算法：

$$New\ HSexpert = Rounddown(|Old\ HSexpert - 38|*100/34)$$

通过以上算法转换，专家模型适宜值为2（不适宜）-100（适宜）。之后，又对偏离系数（标准差/均值*100%）进行计算，对三种模型结果进行比较。

为了比较三种建模方法彼此之间的预测性，我们评价了所有三种模式的相关性，这是通过对整个长白山和俄罗斯景观中随机生成的10000个地点(栅格)的生境质量模拟结果的比较得出的。

确定东北虎栖息地斑块

为判定长白山地区离散的东北虎生境斑块，这些斑块可能成为确定东北虎保护优先区的基础，我们在一个近期生境模型研究(Liu *et al*. 2005)的指导下，运用了一个截点值来区分栖息地和非栖息地。我们选取了一个取舍点(截点)以确定平均的东北虎生境，即包括了有东北虎踪迹信息(在2004/05年冬季的俄罗斯远东南部地区所收集到的信息)1km×1km栅格的85%的区域作为东北虎潜在的分布区。我们选取了这样一个截点值，以允许一些低质量的东北虎生境包含在生境斑块中，这样对于斑块间的连通性分析是有利的，同时也可有助于尽量减少II型错误，即将不是东北虎生境的区域预测为东北虎生境。因为在大多数模型中道路对东北虎的栖息地都有负面的影响， 所有的有主要道路分布的栅格单元都从潜在栖息地中去除了。潜在的东北虎栖息地斑块通过ArcGIS9.2程序中的“区域-归类”工具进行判定(ESRI 2005)。每个1km × 1km的栅格单元被归类为不同连通的区域，在GIS软件中每一个连通的区域赋予一个特定的数字以代表不同的(管理)区。栅格单元间以四邻法或八邻法相互能连接在一起的都可以看作是连通的，这些连通的栅格单元共同地定义了一个东北虎的栖息地斑块。然后，我们将这些栖息地斑块用于随后的连通性分析中。

长白山地区的东北虎保护优先区的界定及优先性排序

在一个破碎化的景观中，高质量栖息地斑块周围都围绕着低质量栖息地。然而，低质量栖息地可能仍然适合东北虎在适宜的栖息地斑块间活动。先前的东北虎和食肉动物景观连通性研究，都运用了一种生境建模、斑块描述和连通性分析的综合方法，来定义保护景观和维持可存活种群的有效策略(Wikramanakye *et al*. 2004, Carroll and Miquelle 2006; Chektovitch and Boyce 2009)。因此，我们进行了一个二次分析，来确定东北虎的栖息地斑块间是怎样相互连通的(通过之前的分析步骤)，从而形成较大的“东北虎保护优先区”。

可用不同的方法模拟栖息地破碎化对东北虎活动的影响，包括基于距离的模型，扩散可能性模型和基于随机游动的概念(参见 Johnson 等1992 ，Schippers等1996的综述)。就本研究而言，东北虎在高质量斑块间的移动通过地理信息系统（GIS）程序 ArcGis 9.2的距离成本工具的帮助下，利用一个最低成本路径的方法计算出来（如 Wikramanayake *et al*. 2004; Zimmermann 2004; Janin *et al*. 2009)。成本距离模型计算，不是从一个点到另一个点的实际欧几里德(欧氏)距离，而是通过运用成本单位距离，而非地理单位的距离，来确定栅格间的最短“成本-距离”。这些成本-距离-函数需要一个成本栅格图和一个源栅格图。成本栅格或所谓的“扩散阻力栅格”，在一些统一单位测量系统中指定了一个阻力值，描述了涉及在任何特定栅格中穿越的成本。在扩散阻力图中的每个栅格的值，都假定代表着东北虎穿过该栅格时的单位成本距离，其中一个单位距离对应于相应的栅格宽度。源栅格，比如由栖息地适应性分析得来的范围地图，可以包括一个或多个区域。所有具有值的栅格单元（包括0）都处理为源区域，所有非源区域需要在源栅格图中指定为“没有数据”。成本距离函数创建了一个输出栅格图，其中，每个栅格单元都指定了距最近的源区域的累计成本。累计成本图确保了我们划定保护优先区和（之后）确定各毗邻的东北虎保护优先区主要的潜在连接通道。

创建扩散阻力栅格图

我们利用基于专家意见的值，为每种土地覆盖和人类使用的变量（道路和定居点）指定了对东北虎活动的相关阻力值(表4)。阻力值越高，则东北虎活动阻力越大。本研究中，阻力值栅格图的空间分辨率为200m×200m。四类居民区（基于人口规模）也应用于阻力值栅格图的创建中。在中国，居民点的数据仅有完整的点数据文件，因此为了体现居民点的空间影响，村庄以两个半径为500m和1000m的同心圆作为缓冲带，三类规模较大的居住点（I级城市、II级城市和III级城市）分别以5km，3km和2km为缓冲带。所有处于I级城市至III级城市缓冲区内的200m×200m的栅格，都被认为是东北虎不可逾越的障碍，其值设为1000（非常高的阻力）。距离村庄0到500m和500到1000m范围内的栅格其阻力值分别为400和100。

俄罗斯的低使用道路不包括在扩散阻力栅格图中，因为基于ENFA和RSF模型的模拟，这类道路并没显示出任何对东北虎栖息地质量的不良影响。俄罗斯的二级公路的阻力值为130，主要道路的阻力值则为200。由于中国的主要道路通常设有护栏，而且和俄罗斯远东地区相比，所有道路类别都有更大的运输量。因此中方的二级公路的阻力值定为200，主要道路的阻力值定为800。东北虎通常活动的土地覆盖类型 (Miquelle *et al*. 2006)其扩散阻力值定为1（针阔叶混交林，落叶阔叶林），然而，针叶林和其他自然植被类型（东北虎较少在其中活动）的阻力值定为10。人为主导土地类型(如农田、果园等)的值定为100。如果不同的变量其空间上发生重叠，则采用最大的扩散阻力值。

表 4.基于专家意见的不同环境因子对东北虎扩散的阻力值，阻力值范围为从1(很容易穿越)至1000(不可能穿越)

参数	阻力值
土地覆盖类型	
针阔叶混交林	1
落叶阔叶林	1
针叶林及其他自然植被	10
人为主导的景观	100
居民点	
距村庄 500 m范围	400
距村庄 500 —1000m	100
I 级城市（周边5 km范围内）	1000
II 级城市（周边3 km范围内）	1000
III 级城市（周边2 km范围内）	1000
Roads道路	
低等级道路路	0
俄方二级道路路	130
俄方高等级路	200
中方二级路	200
中方高等级路（国道、高速公路）	800

划定东北虎保护优先区

为了确定哪些生境斑块有足够的连通性，且可以看做是一个单独的东北虎保护优先区的一部分，我们为东北虎在邻近的高质量生境斑块间活动确定了一个最大累积成本的阈值。为了做到这一点，我们运用了锡霍特-阿林山脉南部生态系统中东北虎活动的知识，来校准模型。在这个生态系统中，东北虎有规律的在邻近的高质量的栖息地斑块间活动，因此，所有的斑块能够彼此相连，组成一个除Primorye西南部外的单独保护优先区(Henry *et al*. 2009)。了解了这一点，我们设立累积成本栅格的阈值，使所有俄罗斯南部生态圈中高质量斑块都相互连接起来，除Primorski Krai西南部外。通过在长白山景观区设置同样的阈值，我们能够界定相互连接的栖息地斑块或者东北虎保护优先区。然后，运用ArcGIS程序的区域归类工具将各个栅格单元归类为一个相连的区域。相互间呈四邻法相交或者呈八邻法相连的栅格单元彼此也被看作是相连接的。由此产生的区域与地理信息系统中生境质量斑块的失量面图进行叠加，这些相互连接的所有高质量生境斑块就可以归类为一个东北虎保护优先区。在本研究中，只有面积大于等于400 km^2的保护优先区(约等于一头雌性东北虎的家域范围)才保留下来进行保护优先性的排序。

东北虎保护优先区保护优先性排序

下列标准用来确定东北虎保护优先区的优先次序：1）从俄罗斯远东南部地区(Primorye西南部或Pogranichnyi地区)最近的东北虎源种群的距离计算为源头和各自的东北虎保护区之间的最低成本路径距离（越近越好）；2）东北虎的潜在数量（见下文）；3）破碎化，以保护优先区的周长与面积之比再乘以1000计算（越低越好）；4）由WCS(国际野生生物保护学会)中国监测项目所提供的现存东北虎数量，和政府机构报告（由世界自然基金会核对整理）的各个东北虎保护优先区内的东北虎数量；5）隔离水平，根据与邻近的东北虎保护优先区的连接通道的数量排名（基于最低成本的方法，用前9个较大的东北虎保护优先区作为源栅格来进行成本距离分析，同时设置最大累积成本的阈值为309,261）（越高越好）。对于每个标准来说，各个东北虎保护优先区根据其对东北虎恢复的价值排名为1（好）到5（差）。将每个保护优先区对应于以上的5个标准所得的排序值相加，所得之和越小，则其保护优先性越高。

长白山规划景观区潜在东北虎数量的估算

要预测中国长白山地区可能供维持的东北虎潜在数量，我们遵循了由Boyce和 McDonald（1999）建立的将RSF模型和种群数量大小联系起来的方法。有关这种方法的理论细节请参考Boyce 和 McDonald（1999），以及Johnson和Seip（2008）的综述。我们通过平均后的栖息地模型计算出每个保护优先区（以上所划定的）的东北虎数量。

首先，我们利用ARCGIS 9.3.1(ESRI Ltd, CA)将最佳的俄罗斯东北虎RSF、ENFA的栖息地模型外推至长白山研究区域，对每一个1km × 1km的栅格(i=1….n)计算其选择概率 $\hat{w}(x)_i$ (方程1)。然后，对于上面的3种模型分析，将由方程1预测的每个国家(j)的全部高质量栖息地加起来后($\sum_j \hat{w}(x)_i$)，以汇总每种模型在各个国家预测的栖息地。以2005年冬天的东北虎踪迹调查为准，估计出俄罗斯部分研究区域的东北虎数量(N)(Miquelle *et al*. 2006)，然后我们可以计算出每一头东北虎所需的所有预测的生境面积，再将此结果类推至每一个东北虎保护优先区(中国部分)中以计算每个保护优先区的东北虎潜在数量，公式如下：

$$\frac{\sum_{Russia}\hat{w}(x)_i}{N_{Russia}}=\frac{\sum_{China}\hat{w}(x)_i}{N_{China}} \qquad (方程3)$$

上式中 $\sum_j \hat{w}(x)_i$ 代表每个国家j的预测的生境概率之和，N代表俄罗斯(已知的)的东北虎种群数量，对于中国部分东北的数量可以通过方程3来求算。对于三种生境模型中的每一种模型都重复这一过程。

承认这种方法假设是尤为重要的，其中包括：a) 测量到了正确的变量；b) 在俄罗斯和中国的空间变量的选择方式都是相同的；c) 可用空间变量有一个相类似的景观结构；d) 在种群参数和可用栖息地之间存在相似的变化关系。某种程度上来讲，我们对俄罗斯部分包括有蹄类的模型和不包括有蹄类模型进行的对比就是为了检验上述假设“a”是否成立。尽管应该谨慎使用该结果，但是在之前关于使用RSF–种群数量的方法已经有了很多成功的案例 (Mladenoff *et al*. 1999, Boyce and Waller 2003, Cianniello *et al*. 2007)，而且这一结果将至少可以提供一个指导东北虎恢复的整体目标。

分析结果

生态位因子模型（ENFA）分析结果

通过将生态位模型应用于校正数据组上，我们获得了一个M值为0.73的整体边际性值。这证明了东北虎在长白山区可用的潜在栖息地与俄远东地区的平均条件不同。总体上的容许残留值T（T=1/特殊性值）为0.68，这表明东北虎并不是对生境要求十分专一的物种，同时也体现了东北虎对偏离最适生境的生境条件有一定的忍耐度。根据MacArthur的分割线段(Broken-Stick)规则，三个因子（M，S1–2，表5）被保留了下来，它们解释了全部特殊性的54.2%。特殊性在前两个因素的坐标轴上表现的较高(特征值分别是8.5和7.7)，这意味着，被使用的栖息地分别为比可供利用的栖息地更严格定义的栖息地的7.7和8.5倍，而余下的坐标轴，其对东北虎生境特殊性的贡献很小（特征值是3.4）。边际性因子(M)本身解释了100%的边际性，同时该因子也解释了24.3%的生境特殊性。

通过使用边际性坐标轴我们可能识别出东北虎偏好的生境特征包括更高的平均坡度、较高的落叶阔叶林频率、距离村屯和城市(城镇)更远的距离、人为景观较少、以及更低的主要道路和二级道路的密度(与俄罗斯部分的平均密度相比，见表5)。第二个因子(S1)（解释了21.3%的生境特殊性）和第三个因子（解释了9.5%的生境特殊性）解释了更多的生境特殊性。东北虎对于平均净初级生产力这一因素显示了很强的特殊性要求（越高越好），而主要道路在第二个因子轴和第三个因子轴上都体现出了较强的回避反应，另外，从第三个因子轴上可以看出东北虎对于落叶阔叶混交林出现频率较高的区域也体现出了一定的偏好性(表5)。

表 5.用于ENFA生境适宜度模型分析的17个保留的预测因子. 在2005年冬季同时进行的野外调查中至少在 2km×2km的栅格单元内出现一个东北虎足迹的单元 (n=441) 用于建立ENFA评价模型，并且用来进行模型的验证。EP(EGV) = 环境预测指标，因子：M = 边际性，S1 和 S2 = 特殊性. 边际性的排序以降序排列.

EGV	M[a]	S1[b]	S2[b]
	23.4%	21.3%	9.5%
坡度均值	++++	0	***
落叶阔叶林出现的频率	+++	*	****
距村庄的距离	+++	0	0
距城市的距离	+++	**	*
积雪覆盖标准方差	++	0	0
针阔叶混交林频率	++	*	**
净初级生产力均值	++	********	*****
针叶林及其他自然植被的频率	+	0	*
低等级道路密度均值	0	0	*
坡向均值	0	0	0
积雪覆盖的均值	−	**	0
坡向标准偏差	−	0	0
净初级生产力的标准偏差	−−	0	0
山阴影均值	−−	0	0
二级公路的密度均值	−−−	*	0
主要道路的密度均值	−−−	*****	*******
人类主导景观的频率	−−−−	*	0

a正值(+)表明东北虎出现于高于平均栅格值的地方。负值(-)表明东北虎出现于低于平均栅格值水平的地点。符号的数量越多，相关性则越高。0表明具有非常弱的相关性。

b任何大于0的符号数量是指东北虎被发现栖息于比可用因子范围更小的范围。符号的数量越多，则表明东北虎的利用范围越狭窄，0表示一个非常低的特殊性要求(选择性或敏感性不强)。

基于以上的这些因素提取的物种分布可以结合调和平均值算法以生成生境适宜性图。平均的绝对验证指数(AVI ± SD)等于0.49 ± 0.08。对比验证指数(CVI ± SD)等于0.2 ± 0.08，该指数表示生成的生境适宜性图与一个纯粹的随机模型到底有多大的差异。平均的博依斯指数(B4：4-组对) 对模型的预测能力可以给出一个更持续的评估，其值较高，为0.82 ± 0.24；但是其较大的标准偏差说明了该模型的稳定性是中等的。

栖息地模型插值/外推至整个长白山规划区(图6-a, b)。

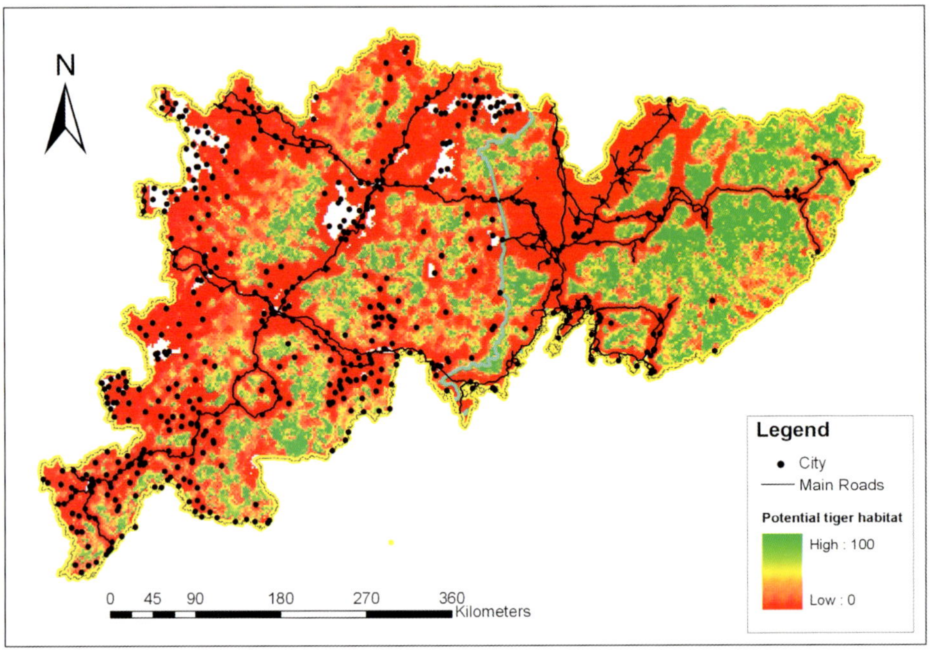

图 6-a. 中国东北长白山景观区及俄罗斯远东南部区ENFA模型预测的潜在东北虎生境。a)所有的栅格单元都显示出来（直接评价的，插值得到的及外推得到的栅格单元），以及 b)仅显示直接评价的栅格单元及插值得到的栅格单元。

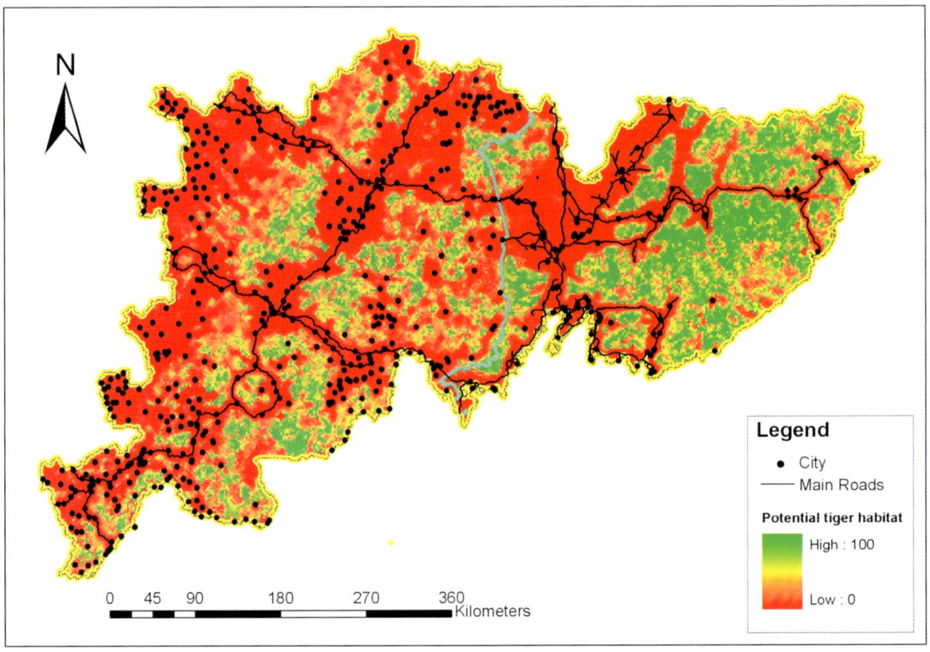

图 6-b. 中国东北长白山景观区及俄罗斯远东南部区应用ENFA模型预测的潜在栖息地

在内插值/外推区域(长白山景观区)的所有2km×2km栅格单元的生境适宜度(HS)值的范围都处于校验区域中因子值的± 10%范围内，因此其HS值都可以计算出来。比较包括所有的生态适宜度栅格单元的图(直接评价的、内插的及外推的栅格单元，图 6a)与那些只包括直接评价的栅格和内插的栅格图(图6b)可以发现，所有的1802个外推的栅格单元(占模拟区域3.2%的范围)都位于人类活动强度极高的景观中，因此，与预期的一样，这些栅格单元的HS值都为0。一般来讲外推都应该被避免，在本研究中所有的外推栅格单元都位于东北虎的栖息地之外，因此其HS(生境适宜度)值都为0。因此，对于初始建模因子范围以外的模型预测结果是可信的。

资源选择函数模型（RSF）分析结果

2004–2005年冬季在俄罗斯远东南部进行的动物踪迹调查中，共调查了471个抽样单元(图 1)。其中，发现东北虎踪迹的样方198个，占总样方的42%，相当于最终RSF模型的最优切割点概率（见下文）。在构建的RSF模型中，距道路和距离村庄及城市的距离等变量之间具有很大的相关性，主次干道的密度（距离）相对村庄的密度(r=0.59)、主次干道的密度（距离）相对城市密度之间也是如此(r=0.59)。因为低使用率道路密度（距离）与东北虎是否出现关系不大，所以我们只保留城市和村庄密度作为人为干扰变量。海拔和坡向具有较高的相关性(r=0.55)，因此合并在一起。而海拔与雪盖关联性(r=0.44)低于推荐的切割值0.5 (Menard 2002)，所以我们仅选择了部分变量，以避免前面提到的抽样偏差，即假定积雪随着海拔的增高加深。在模型中增加雪量（与雪深相关）有助于改善较高海拔的预测率（积雪变量的比率（通常是雪深变量），因为东北虎在海拔的选择上没有线性关系。

图 7显示了大部分保留变量和东北虎选择概率的单变量关系。从图中可以看出，东北虎选择的区域城市和村庄密度较低，初级生产力中等水平，海拔中等，避开雪量较大的区域（图6未标出，见表格5）。最终模型显示，东北虎的资源选择是所有土地覆盖类型、雪盖、海拔、净初级生产力、村庄和城镇密度等变量所构成的函数。东北虎偏向选择的区域是低密度的村庄和城镇、低海拔（在冬天会更低）、中级水平的净初级生产力(表格6）。就地表覆盖类型而言，东北虎倾向选择红松林，其次是针叶林，最后是其他天然林；不喜欢落叶林和人工林。回避落叶林和人工主导生态系统。明显回避落叶林的原因是这些陆地覆盖类型通常都具有中等水平的净初级生产力。因此，从多元变量的角度上考虑，落叶林的系数是中等水平的净初级生产力的影响控制因子（不代表东北虎不去落叶林）。

资源选择函数模型（RSF）——环境参数模型

模型整体上具有显著差异（似然比，p = 0.0001），并显示出较好的拟合度（Hosmer and Lemeshow 拟合度检验 p = 0.77，未拒绝低拟合度假设）。然而，该模型与用mediocre ROC，pseudo-R^2和k–重交叉检验程序比较，在预测东北虎栖息地的区分力上却表现一般。ROC值介于0.7–0.8之间表示有足够的区分力，k–重spearman rank 系数0.712 也证实了这一点。不管怎样，这些检验虽然证实该模型还不够出色（参见下节），但是是有效推断长白山区的东北虎栖息地的有用模型（见图7）。区分栖息地与非栖息地的最佳截点概率 为0.42，但依此标准，只有69%的调查单元被正确归类。

表 6. 2004/2005年冬季长白山景观区域的俄罗斯远东部分，东北虎资源选择函数模型的诊断和协变量结构，包括最优的空间协变量模型（“生境模型”）和最适生境+有蹄类的RSF模型。最优生境模型和包括有蹄类的模型利用以下的参数比较，包括AIC, ROC, pseudo-R^2, and k-重斯皮尔曼等级相关等参数。最优模型协变量、标准误差(SE)和p值(** $p<0.05$, * $0.05<p<0.10$)

	AIC	ROC	Pseudo-R^2	k-folds
生境模型	594.7	0.71	0.12	0.712
有蹄类模型	531.8	0.89	0.25	0.881

	生境模型		有蹄类模型	
协变量	x	SE	x	SE
$_0$(截距)[1]	−8.55	4.903*	−2.99	0.012**
针阔混交林	1.78	0.722**	1.51	0.760**
落叶阔叶林	−9.00	4.223**	−2.54	6.164**
针叶林/其他天然植被	1.15	0.532**	0.92	0.556
积雪覆盖(%)	−2.17	0.888**	----	----
净初级生产(kg/ha)力	0.00267	0.00145*	0.0003	0.00018*
NPP^2	−1.66E−07	1.01E−07*	----	----
海拔(m)	−0.0014	0.00079*	−0.0010	0.00073
村屯的密度/km^2	−64.31	27.431**	----	----
城市的密度/km^2	−264.63	100.300**	−225.92	108.82**
马鹿(# 踪迹)	----	----	0.177	0.0514**
梅花鹿(# 踪迹)	----	----	0.117	0.0339**
野猪(# 踪迹)	----	----	0.154	0.0550**

注：1-截距理解为参考的土地覆盖分类，人为主导景观区对其它协变量的常数具有影响。

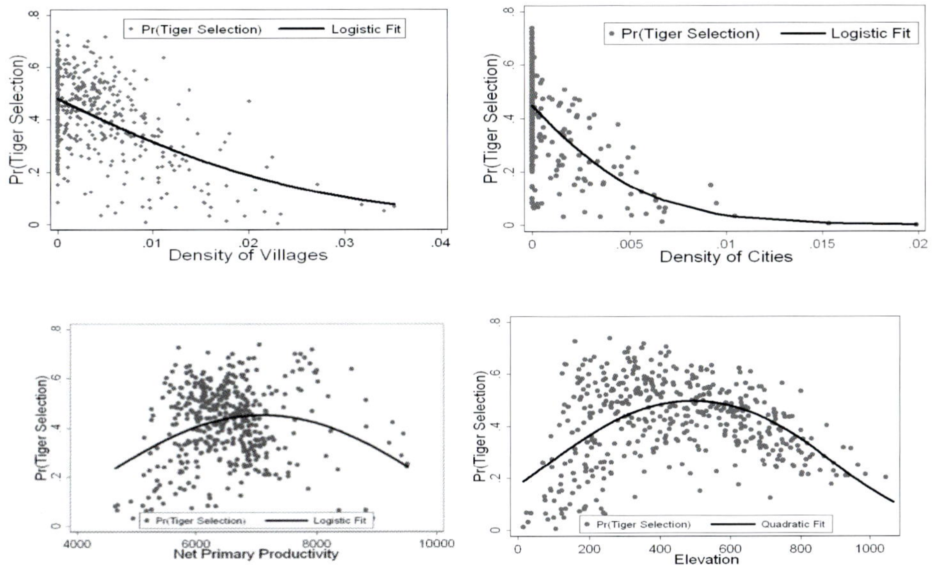

图 7. 运用资源选择函数模型得到2005年冬季俄罗斯远东地区南部连续空间变量与东北虎出现概率的关系。资源选择的抽样单元大小为135km^2，图中显示的为采用等式1的逻辑斯蒂回归分析模型得到的最佳线性关系或quadratic（X + X^2）fitting与以观测取样单元为尺度的预测（Pr东北虎对栖息地的选择）。

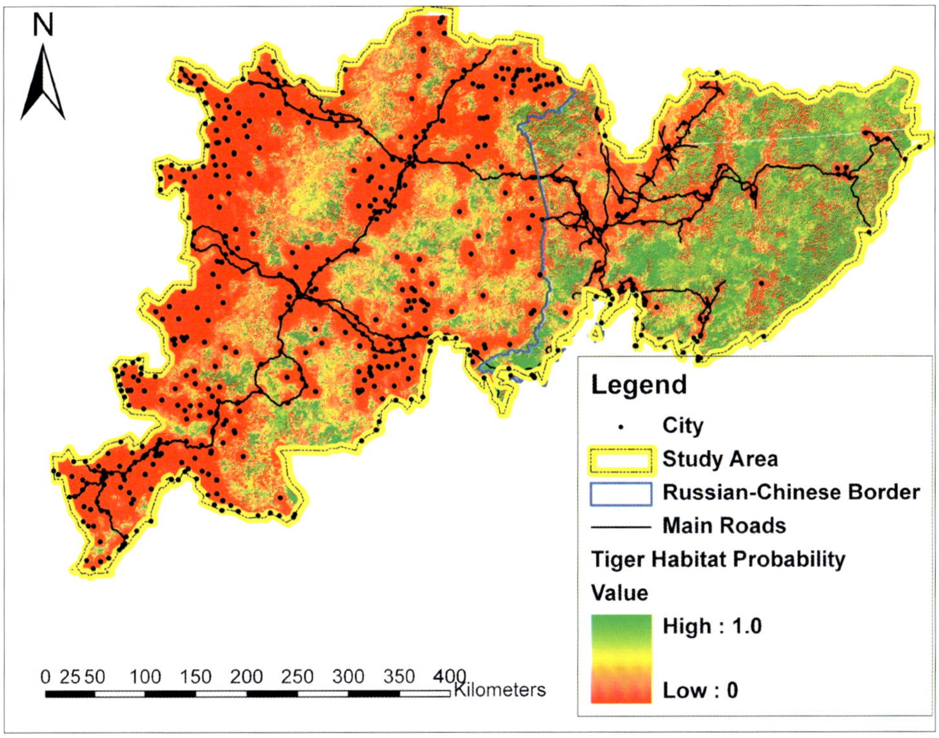

图 8.依据RSF模型预测的东北虎在长白山地区的栖息地（不包括有蹄类密度）。图上还显示了主要城市（人口大于5万）及主要道路。

对比俄罗斯有蹄类密度和没有有蹄类密度情况下的资源选择函数模型（RSF）

如前所示，在模型中有蹄类密度的变量和东北虎对栖息地选择具有近似单变量相关的关系。但是，东北虎对所有三种有蹄类动物踪迹较多以及靠近保护地的地方选择性更强（图8）。当我们把只考虑栖息地的RSF模型与有蹄类密度空间协变量结合分析时，之前具有显著性的一些重要变量则被筛选掉了（表5）。有蹄类密度与该地区中等水平的初级生产力有关。因此，加入有蹄类密度这一变量易与中等水平的NPP混杂(Hebblewhite, 数据尚未发表)。同样，由于有蹄类会避开雪深的地方，以有蹄类为协变量的模型中积雪因子都被筛选掉了。东北虎仍然倾向于选择有红松和天然针叶林分布的生境，而非落叶林以及有人类活动的地方，它们会避开城市，但不会避开村庄。可能的原因是，在俄罗斯的研究地区，村庄的密度和有蹄类密度呈负相关（例如，马鹿的r=0.65）。

模型整体上具有显著性（似然比，$p< 0.00005$），表现出较好的H–L适合度（$p = 0.35$）。与只考虑环境协变量的模型相比，模型的解释、辨识和预测能力都较好。另外，在模型选择的认识上，有蹄类栖息地模型也表现较好，它要优于只考虑东北虎栖息地的模型10,000倍（两个模型的Akaike权重比率）。显然，有蹄类分布和相对丰度的信息提高了该模型对东北虎栖息地的预测能力。通过ROC均值、pseudo-R^2和k重交叉检验的验证（表5），有蹄类模型在预测东北虎栖息地方面具有很强的辨识力。ROC分数在0.8 – 0.98之间说明具有出色的辨识能力。同时，k重spearman等级相关性很高，为0.881。最理想的栖息地区别于非栖息地的截点概率仍然是0.42，该模型提供更高的区分能力，有72%的调查单元被正确分类。

显然，在长白山地区没有类似的有蹄类丰度的数据情况下，使用该模型得到精确的空间预测是不可能的。但是，为检验有蹄类协变量对推断中国情况的作用，我们比较了环境模型和有蹄类模型在俄罗斯一侧研究区域东北虎栖息地分布的预测概率 (图9)。对比所示，与考虑有蹄类密度的模型相比，仅考虑环境因素的模型高估了质量较好的东北虎栖息地的数量。

图10 b对高估的结果进行了解释：东北虎出现的频率和高质量等级的东北虎栖息地之间的斯皮尔曼等级相关性小（栖息地模型的斯皮尔曼等级相关系数rs = 0.71，有蹄类模型rs = 0.88）。因此，即使是在俄罗斯这边，环境协变量在空间上都不足以替代有蹄类数据。而且由于不包含对有蹄类分布和丰度起决定性的信息，因此过高估计了可能被东北虎利用的高质量栖息地的数量。我们估计该结果或我们对长白山地区的推测也具有类似的偏差。

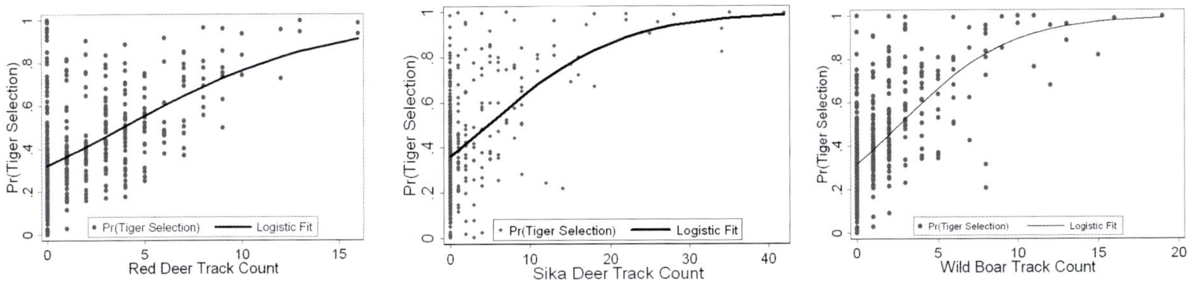

图 9. 运用资源选择函数模型得到2005年冬季俄罗斯远东地区马鹿、梅花鹿和野猪的踪迹数量与东北虎对栖息地选择的关系。资源选择的抽样单元大小为135km²，图中显示的为采用等式1的逻辑斯蒂回归分析模型得到的最佳线性关系与以观测取样单元为尺度的预测（Pr东北虎对栖息地的选择）

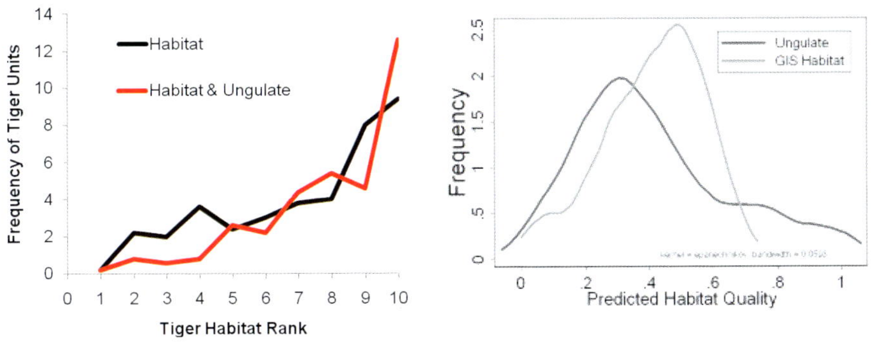

图 10. 对比两种RSF模型，一种以环境作为协变量（利用GIS分析栖息地），另一种加入了俄罗斯远东地区南部东北虎三种主要猎物的相对密度作为协变量。图a显示的是两种模型预测出的东北虎潜在的栖息地质量；图b显示的是两个模型在各个等级的栖息地中东北虎数量的观测频率

专家模型结果

我们得到5个评价因子的单独的代价赋值图(图11)。

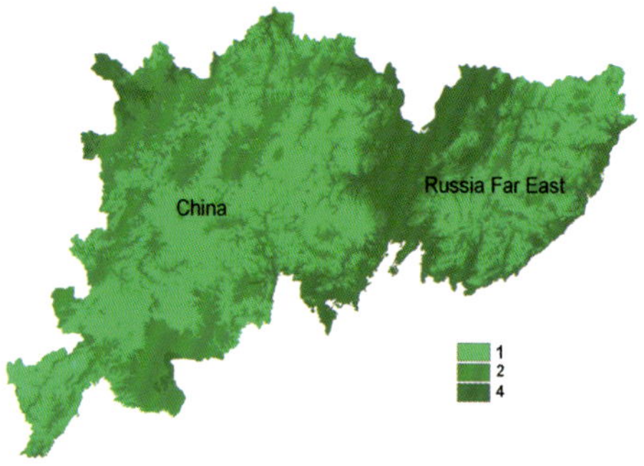

海拔赋值

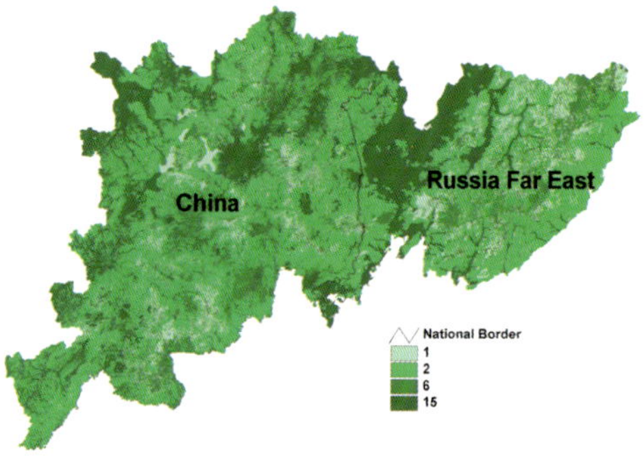

土地覆盖赋值

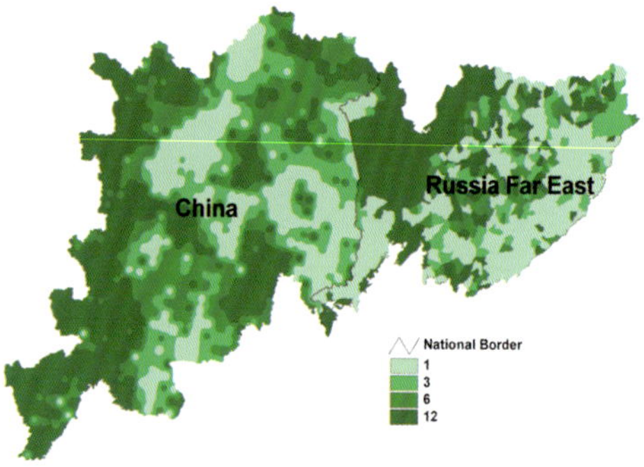

有蹄类密度赋值

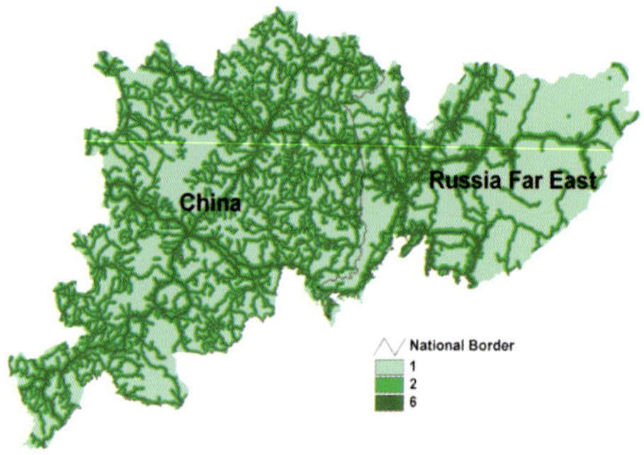

距道路距离赋值

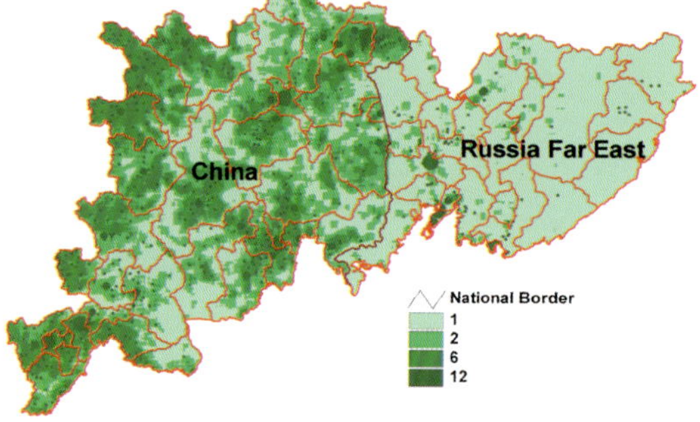

居民点影响赋值

图 11. 专家模型法5种变量赋值图，颜色越深，赋值越高

在此基础上，将5个因素的代价值叠加就可以得到东北虎潜在生境的综合代价值，其值的变化范围为5-49(图 12)。

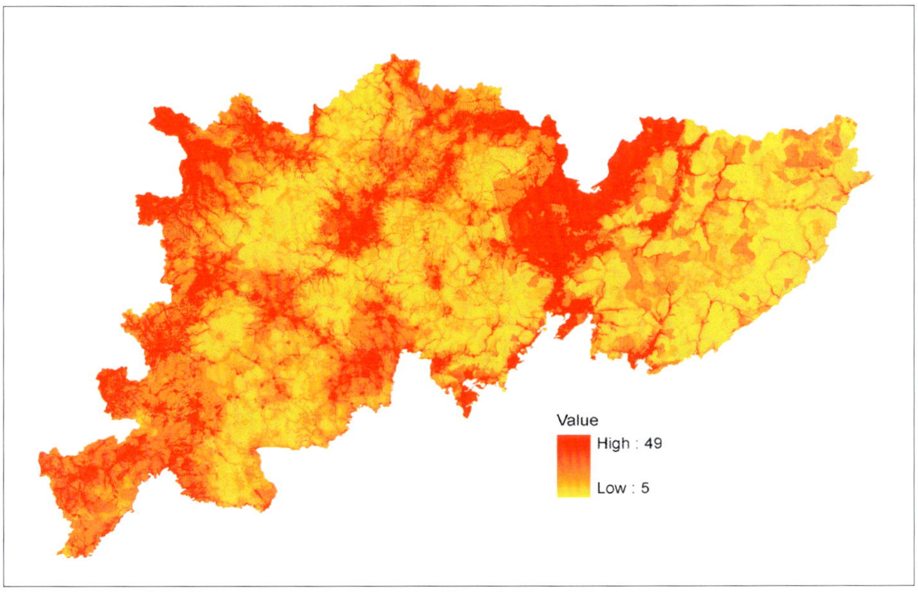

图12. 包括有蹄类数据的专家模型得到的东北虎潜在生境图，值越低(颜色越浅)则代表其生境质量越好。

将上述的生境综合代价值（5-49）进行重分类，可以得到4类生境：最适宜潜在生境(代价值5-10)，适宜生境(11-16)，次适宜生境(17-25)，不适宜生境(26-49)。重分类后的图可以清晰地显示哪些是东北潜在的适宜生境(图13)。

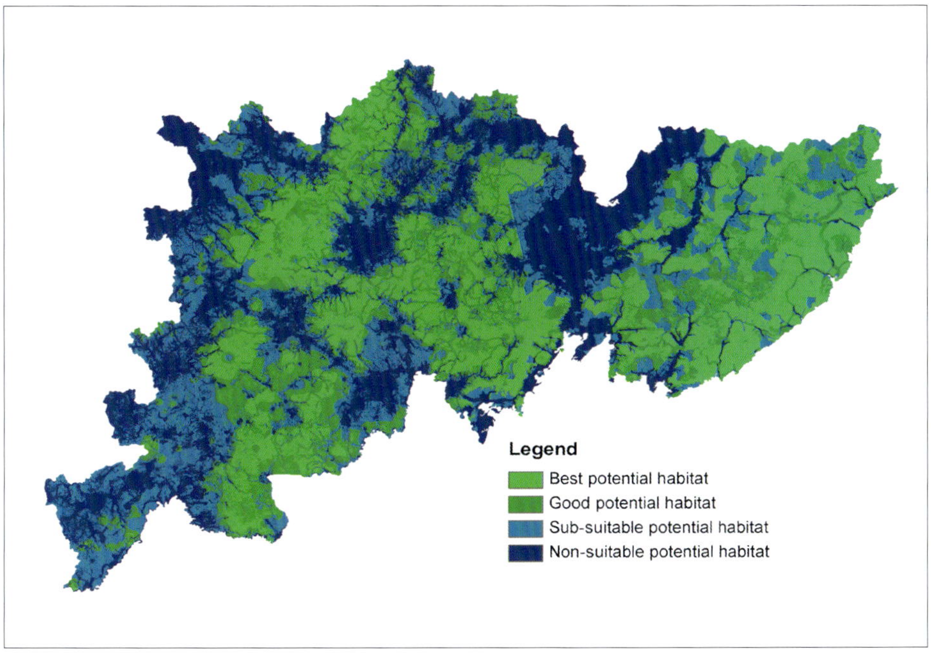

图 13. 包含有蹄类密度因素的东北虎潜在生境分级图—专家模型法

第二种分析中不包括有蹄类密度的因素(只有海拔、土地覆盖、距道路距离以及居民点的影响)，结果东北虎潜在生境的综合代价值范围为4-37，模型平均时转换为0-100（见模型平均及比较章节），同时东北虎潜在的栖息地面积与上图相比有所扩大，尤其在规划区的南部显示出多的潜在适宜生境(图13)。

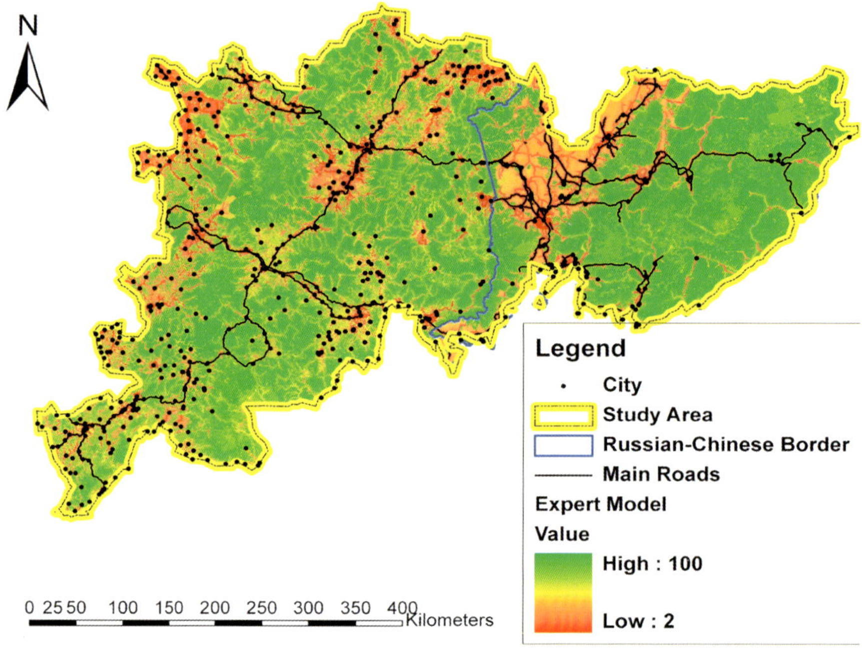

图 14. 不包括有蹄类的东北虎潜在生境结果图—专家模型法，值越高（色越绿），潜在栖息地越好

同样，我们对这个结果也进行了重分类，分为4类：最适的潜在生境(4-7)，适宜的潜在生境(8-12)，基本不适宜的生境(13-20)，以及不适宜的生境(21-37) (图15)。

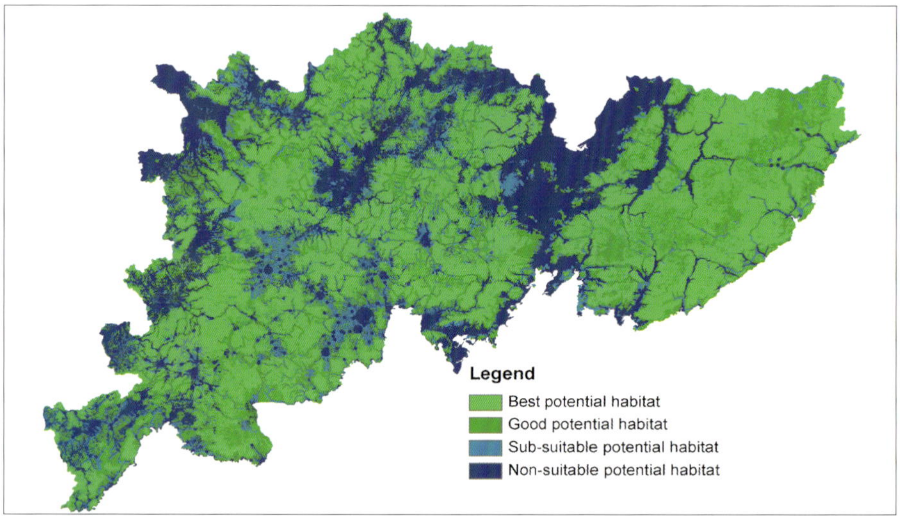

图 15. 不包括有蹄类因素的东北虎潜在生境分级结果图—专家模型法

平衡模型及三种模型的比较

平衡的栖息地质量（图16）是通过均衡所有这三种栖息地模型（ENFA,RSF和专家模型，不包括有蹄类）来实现的。图17是三种模型的变异系数图（方差/均值*100%），表明了偏离和重合的程度。变异系数大的白色部分代表着差的东北虎栖息地，变异系数小的黑色部分是三种模型重合的部分，代表着高的东北虎栖息地。

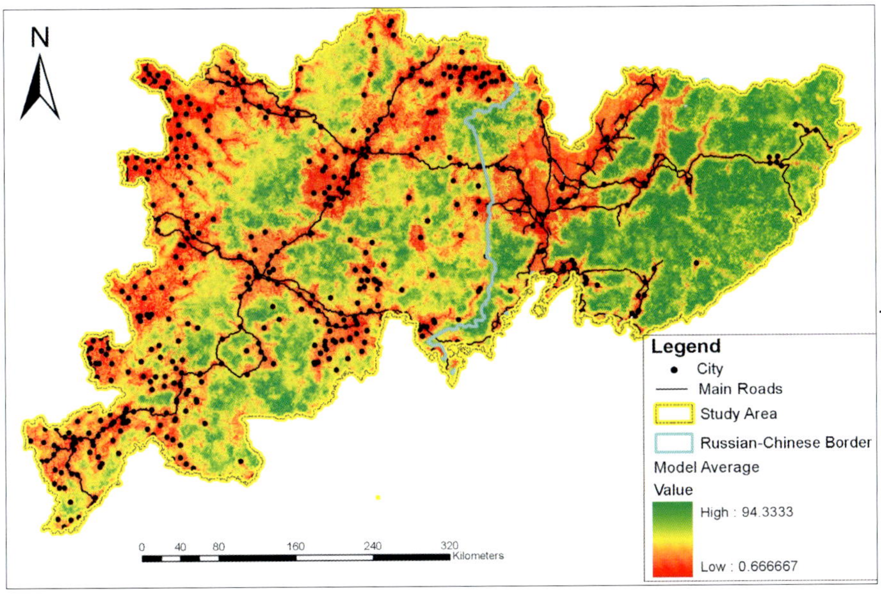

图16 在长白山和俄罗斯远东研究区内利用均衡模型判别东北虎栖息地。RSF，ENFA，专家模型平衡后的预测的高质量栖息地

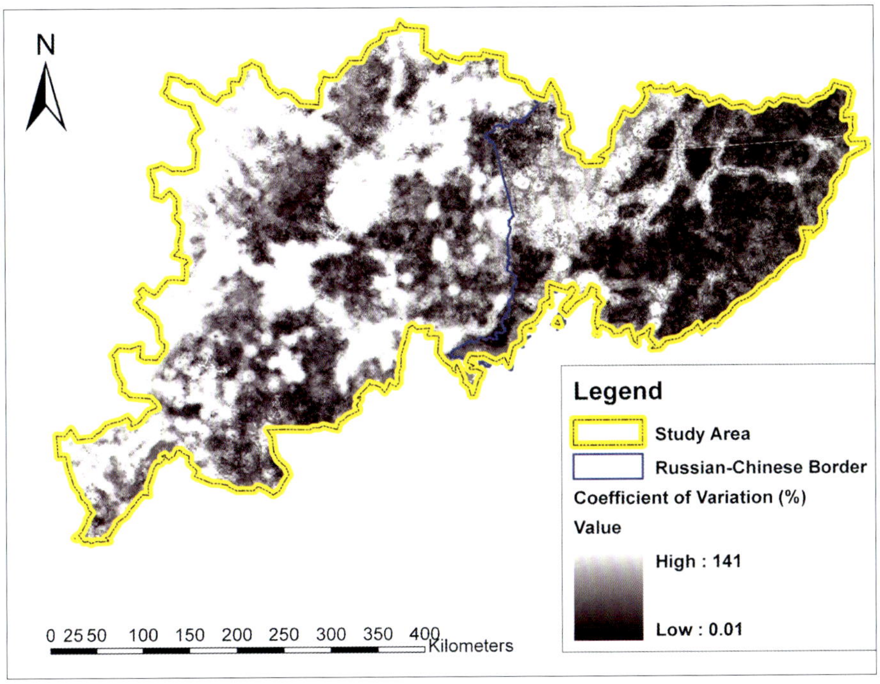

图17.三种模型（RSF，ENFA，专家模型）结果的偏离与重合比较，白色偏离大，黑色偏离小

总体上说，三种模型都是有道理的，但并不高度相关。ENFA和RSF模型成对相关系数R=0.49，ENFA和专家模型R=0.52，RSF和专家模型R=0.38。相关系数数值低，说明了有必要采用模型平均方法绘制出东北虎的潜在栖息地，同时也表明有必要通过在中国定居虎的数据来验证这些模型。

另外，通过ENFA和RSF以及ENFA和专家模型的线性回归比较，我们发现两条关于三个模型的额外信息。所有模型与栖息地质量改进存在相似的相关性（图18）。图18证明，通过俄罗斯东北虎出现点校准的RSF和ENFA模型，其值明显低于专家模型预测的东北虎栖息地的质量结果。这可能是因为ENFA和RSF是使用俄罗斯数据校准的，而专家模型没有利用中国的出现点数据进行校准。RSF是最保守的，专家模型是最自由的，所有三种方法在确定景观相关值时都呈现正相关，因此，平衡模型是最适当的方法。

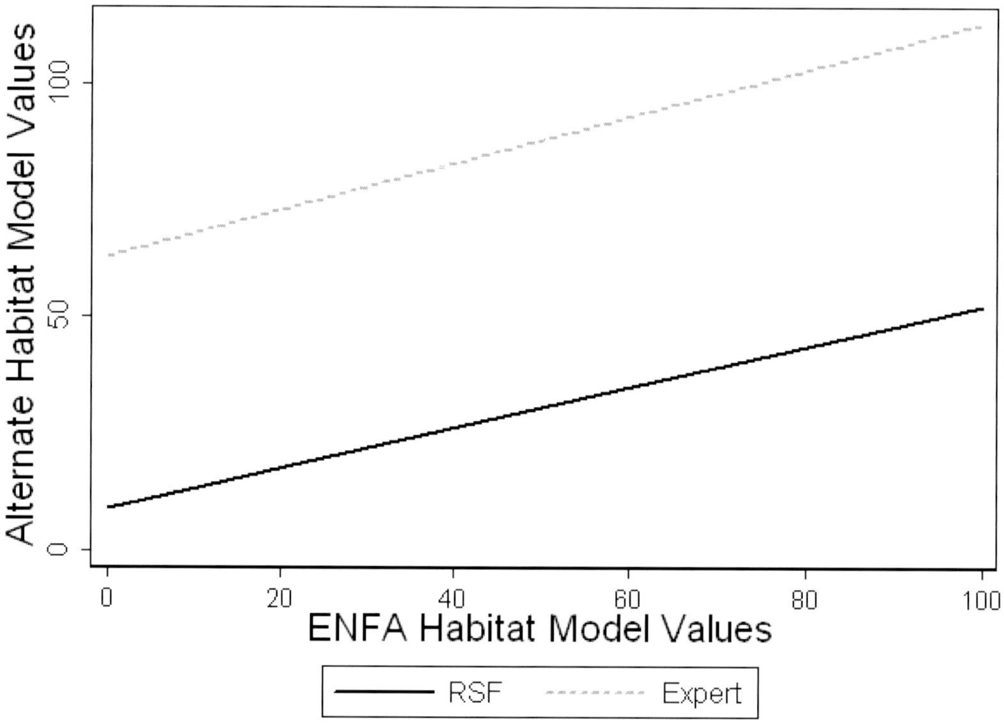

图 18. 三种栖息地模型的比较，专家模型和RSF与ENFA模型之间预测的线性回归。RSF和专家模型平行斜线证明两个模型均预测与ENFA同样的关系，但是较高数值的专家模型表示其预测俄罗斯的高质量的栖息地的结果，比校准后的RSF和ENFA数值高出很多，这支持了专家模型过于乐观的说法。

确定东北虎保护优先区

在长白山景观区中去除了小于400km^{2}的斑块之后，通过成本路径分析，确认了九个东北虎保护优先区（表7；图19）。其中两个，即珲春-汪清（保护优先区1）和穆棱（保护优先区4）（表7;图19）是包含俄罗斯的，但78.7%和40%面积在中国。长白山（保护优先区2；表7；图19）是包含朝鲜的，因缺乏朝鲜方面的相关数据，没有进行评估。保护优先区的总面积占长白山规划区（149383km^2）面积的22.4%。保护优先区面积最小440km^2，最大达14230km^2，都位于规划区的原始山区，海拔均值多高于规划区（均值562m，规划区海拔范围-6-2666m），但穆棱除外（均值490，保护优先区4，表7）。珲春-汪清、长白山、张广才岭南部以及穆棱中有重要的保护区(表7；图19)。保护优先区内的保护区面积比例从13.4%（长白山）到4.7%（张广才岭南部）不等。保护优先区村庄密度(0-0.35/100 km^2)比总规划区的村庄密度(4.3/100 km^2)要低。白山-通化-集安（保护优先区7；表7图19）村庄密度(4.05/100 km^2)接近于整个规划区的水平。总体来说保护优先区的二级公路密度2.3-6.8 km/100 km^{2}比整个长白山规划区(overall mean = 15.5 km/100 km^2)低很多，张广才岭北部（保护优先区6）和靖宇-江源（保护优先区9）除外，分别为10.5 /100 km^{2}和17km/100 km^2。

成本距离分析确定在东北我们使用九个最大的保护优先区作为源格，进行成本距离分析，确定了12个保护优先区间的潜在连接（图20绿线标识A-L，表8）。它们的长度和累计成本范围分别在1-68km和52, 740-309, 261成本单位之间。最大的珲春汪清（保护优先区1）与三个邻近的保护优先区相连：张广才岭南部，穆棱和长白山保护优先区。西与张广才岭南部（保护优先区3）有一个2km长的连接（A），通过镜泊湖，累积成本是161，883。向北，离中俄边境45km，有一个11km的连接（B）与穆棱（保护优先区4，图20）相连，累积成本62，306。第二长的连接（C）连接到保护优先区1和长白山（保护优先区2）有64km，成本为309，131，连接C位于延吉东向与朝鲜平行，因为没有朝鲜的数据，无法确定朝鲜境内应该有的更短连接距离。链接D连接张广才岭南部（保护优先区3）和张广才岭北部(保护优先区6)，位于敦化西部36km处，长10.6km，总成本228，474。链接E长18km，成本240，410，连接张广才岭南部(保护优先区3)和桦甸（保护优先区5）。链接F,H,J分别长9km，1km，15km，连接长白山（保护优先区2）和桦甸（保护优先区5），露水-东江（保护优先区8）和靖宇-江源（保护优先区9），他们的成本类似，在161，000和185，865之间。另外两个链接G和I（分别为3km和

13km长）连接桦甸（保护优先区5）与露水-东江（保护优先区8）和与靖宇-江源（保护优先区9），各自的成本分别为162，897和52，740。连接K将白山-通化-集安（保护优先区7）和 长白山（保护优先区2）相连，路径最长（68km），成本最高（309，261）。39km的、连接成本为292，631的L，将通化-集安（保护优先区7）和靖宇-江源（保护优先区9）连接起来。

表 7. 成本路径分析得出的9个东北虎保护优先区。

TPA #	保护优先区	面积[km²]	海拔（均值和范围[m]）	保护优先区受保护面积百分比	村庄密度(#/100 km²)	二级公路密度(km/100 km²)
1	珲春-汪清-东宁-绥阳[1]	14,239	589 (3 - 1475)	12.8	0.24	6.2
2	长白山	8,420	957 (181 - 2028)	13.4	0.32	6.8
3	张广才岭南部	5,373	741 (266-1608)	4.7	0.35	6.3
4	穆棱[1]	3,231	490 (90-1041)	7.8	0.09	6.1
5	桦甸	2,686	672 (305-1220)	0	0.22	2.3
6	张广才岭北部	2,626	626 (184-1361)	0	0.34	10.5
7	白山-通化-集安	864	736 (201-1482)	0	4.05	4.8
8	露水河-东江	632	666 (434-1268)	0	0.31	3.5
9	靖宇-江源	440	848 (503-1304)	0	0	17.0

[1]注：保护优先区的部分区域位于俄方境内

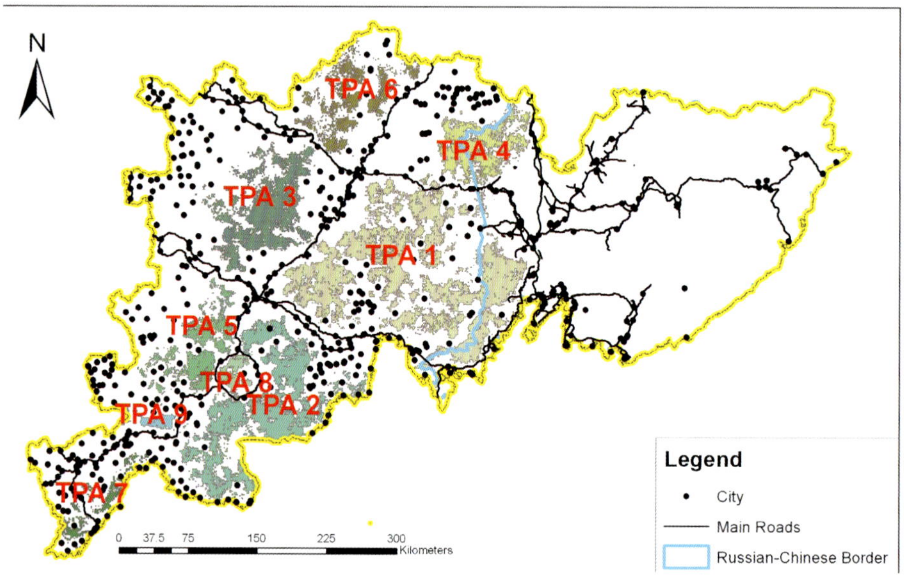

图 19. 长白山景观区根据最小代价路径分析的九个最大的东北虎保护优先区

表 8.长白山景观区连接东北虎保护优先区的12条潜在的主要链接特征，列出了最短链接距离到最长链接距离。名字用于识别图16中的链接，累计成本单位是相对值。

名称	连接	长度[km]	累计成本
H	TPA 2–8	1	161,000
A	TPA 1–3	2	161,883
G	TPA 5–8	3	162,897
F	TPA 2–5	9	168,580
B	TPA 1–4	11	62,307
D	TPA 3–6	11	228,474
I	TPA 5–9	13	52,740
J	TPA 2–9	15	185,865
E	TPA 3–5	18	240,411
L	TPA 7–9	39	292,631
C	TPA 1–2	64	309,132
K	TPA 2–7	68	309,261

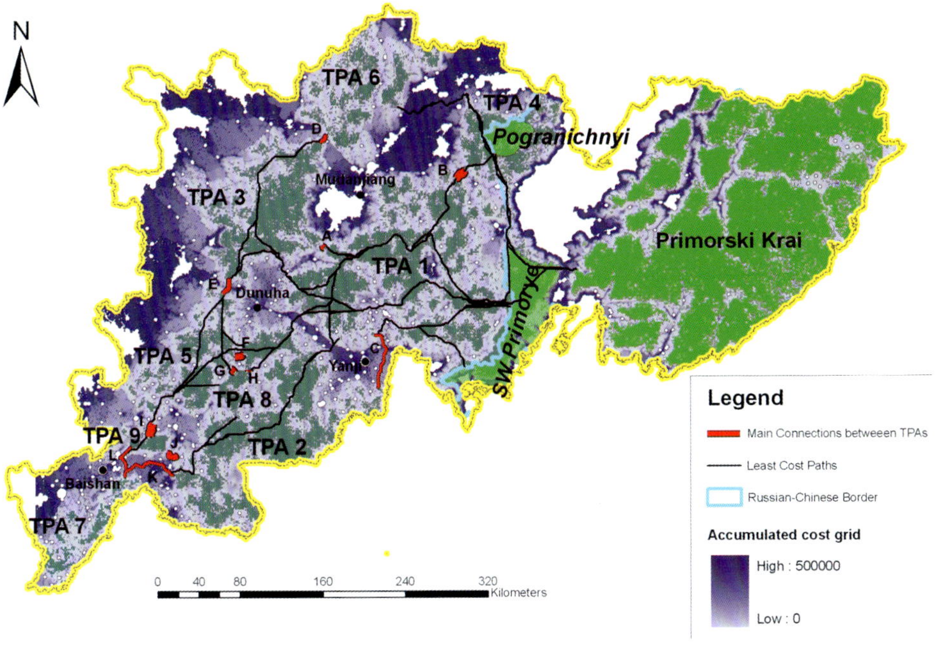

图 20. 成本距离分析的结果使用最大的九个东北虎保护优先区域(每个颜色的区域代表一个不同的TPA)，其中以Primorski Krai(粗绿色线条)的东北虎种群作为来源，摩擦地图作为成本栅格，背景是累计成本栅格，在所有TPA之间的黑色最低成本路径，包括俄罗斯远东地区南部的虎种群.在邻近的TPA之间的12条基本链接(A–L)累计成本为309,261或更少的ongoing深绿色显示(线越粗，累计成本越低，连接的越好)

长白山景观区东北虎的潜在数量

长白山景观区占整个研究区域的65%，其余的35%在俄罗斯境内。相比之下，在俄罗斯通过ENFA和RSF模型（我们没有应用专家模型，因为这个模型是基于中国实际建立的）的 $\sum_j \hat{w}(x)_i$ 计算，56%是东北虎的栖息地，在俄罗斯边境区一侧可直观确定为高质量的栖息地（图13）。根据Miquelle *et al*.(2006)收集的数据，在俄罗斯远东地区南部研究区域估计有181只（范围：160–203）成年/亚成年虎。给定的俄罗斯研究区，估计每只东北虎家域为445km^2。

三个东北虎模型，每个都使用栖息地/东北虎比例 $\sum_{Russia} \hat{w}(x)_i \big/ \hat{N}_{Russia}$，每个东北虎保护优先区域都使用 $\sum_j \hat{w}(x)_i$，我们预测这九个已确定的主要的东北虎保护区域（图16，表9）东北虎的平均数量为98（83–112）。经预测，保护优先区可容纳1–36只东北虎，但是只有3个东北虎保护优先区预计拥有可容纳10只成年/亚成年东北虎的栖息地：珲春，长白山及张广才岭南部（表9）。在靠近中俄边界的保护优先区1和4的估计中没有计算俄罗斯的东北虎数量。由于俄罗斯方面研究区域的三个栖息地模型东北虎密度和预测的东北虎栖息地之间的校准，三种模型均提供了相似的人口估计，确认俄罗斯校准值数据（表7）。

表 9. 基于三个不同的栖息地模型（专家模型，RSF，ENFA，和所有三种方法平均）预测的栖息地质量之间的关系估计东北虎保护优先区潜在的东北虎种群规模，校准毗邻的俄罗斯远东地区对已知的东北虎的人口估计。用三种东北虎模型预测东北虎的数量（黑体，低和高的估计基于俄罗斯的东北虎估计）

#	保护单元名称	面积 [km²]	ENFA	RSF	专家模型法	均值
1	珲春－汪清－东宁－绥阳	14,239	31 (27.4 – 35.4)	30 (25.8 – 34.7)	36 (30.6 – 41.2)	33 (29.4 – 38.9)
2	长白山	8,420	23 (19.9 – 25.2)	20 (17.5 – 22.2)	29 (26 – 33)75	24 (20.9 – 26.5)
3	张广才岭南部	5,373	15 (13 – 16.5)	12 (10.6 – 13.5)	17 (15.1 – 19.1)	15 (13.1 – 16.6)
4	穆棱	3,231	7 (5.7 – 8.7)	6 (4.5 – 7.5)	9 (8.1 – 10.5)	7 (6 – 9.1)
5	桦甸	2,686	8 (6.7 – 8.5)	6 (5.3 – 6.70)	7 (5.8 – 7.4)	7 (6.2 – 7.9)
6	张广才岭北部	2,626	7 (6.3 – 8)	5 (4.6 – 5.9)	7 (6.1 – 7.8)	7 (5.9 – 7.5)
7	白山－通化－集安	864	2 (2 – 2.5)	1 (0.9 – 1.2)	3 (2.8 – 3.5)	2 (1.9 – 2.5)
8	露水河－东江	632	2 (1.6 – 2)	2 (1.6 – 2)	2 (1.4 – 2.2)	2 (1.5 – 1.9)
9	靖宇－江源	440	1 (0.8 – 1.5)	1 (0.7 – 1.3)	2 (1.2 – 2.2)	1 (0.9 – 1.4)
		总计	94 (81.3 – 105.9)	83 (80.8 – 102.5)	112 (105.9–134.1)	98 (83 – 112)

东北虎保护优先区优先序

根据斑块优先性排序，珲春－汪清（TPA1,图19，20）是整个长白山景观区中最为突出的保护优先区（表10）。除了隔离性（相邻保护单位之间的联系）排在第三位，它的所有标准均排名第一。它是破碎化指标最低的之一（0.74）并且直接与滨海边疆区西南部的东北虎源种群相连接。它是所有保护优先区中东北虎报道最多的（218个）并且迄今为止也是东北虎预计数量最多的（33，见表9）。尽管珲春－汪清的排名最高，但是与滨海边疆区的标准值相比仍然很低，那里的破碎度只有0.41，并且估计东北虎数量为172，是珲春－汪清保护优先区预计数量的5.2倍。

长白山保护优先区（TPA2；表10；图19，20）分值为10，排名第二，但与种源的最近距离是最远的（距离滨海边疆区西南部184km），且15年没有东北虎的报道。

在长白山保护优先区之后有两个分值相近的保护优先区，即张广才岭南部和穆棱保护优先区(TPA，4；表10；图19，20)，分值分别为13和15。

其余的5个保护优先区（TPA5-9；表10）具有较低的东北虎预测数量（总数为19），因此在长白山景观区的东北虎保护中只能扮演微弱的角色。然而，这些保护优先区中有一些能在连通性上起到重要的作用；例如，保护优先区5和8尽管规模小，却提供保护优先区2和保护优先区3之间的连接(图20)。

总体来说，4个最优先的领域可能会容纳多达79只东北虎。如果保留这些东北虎保护优先区和西南滨海之间的联系，这个种群将可能在亚洲区域成为一个大的东北虎种群。

表 10. 基于5个标准的东北虎管理优先区。每个标准分值从1（好）到5（坏）。最好（低）得分为5，最差（高）得分25。到源头的距离=最近东北虎源群（ SW Primorye 或Pogranichnyi）与各保护优先区的最小成本路径的距离。估计东北虎种群大小根据Boyce和McDonald计算；破碎度=区域边缘比例乘以1000；隔离度=与保护优先区的多条潜在连接的累计成本≤309，261（=长白山和白山通化-吉安保护优先区之间的连接成本）。

#	保护优先区名称	与源距离		估计东北虎种群大小		破碎度		东北虎发现信息数量		隔离度		总排名
		[km]	rank	[N]	rank	Ratio	rank	#	rank	#	rank	
1	珲春-汪清-东宁-绥阳	0	1	33	1	0.74	1	218	1	3	3	7
2	长白山	184	2	24	2	0.71	1	0	4	5	1	10
3	张广才岭南部	260	3	15	3	0.81	1	7	3	3	3	13
4	穆棱	0	1	7	5	0.97	2	8	2	1	5	15
5	桦甸	375	4	7	5	1.04	3	0	4	4	2	18
6	张广才岭北部	140	2	7	5	1.34	5	0	4	1	5	21
7	白山通化-集安	551	5	2	5	1.41	5	0	4	2	4	23
8	露水河-东江	318	3	2	5	0.72	1	0	4	2	4	17
9	靖宇-江源	459	5	1	5	0.70	1	0	4	3	3	18

讨　论

建模方法评估

我们在长白山景观区东北虎潜在栖息地分析过程中，所采用的建模方法是合理有效的。每个模型都有其局限性，但是这些模型的平均结果是可以推断出可靠的东北虎恢复区域。

专家模型的优点在于它源于具体的长白山景观，其变量的选择和这些变量的值源自于专家对景观的兴趣性意见。这种方法避免了另外两种模型的假定（正确的变量选择，东北虎分布相同变量组合）。然而，在使用专家模型对于俄罗斯远东地区南部进行推断的结果表明，专家模型对东北虎在长白山景观区可能存活的预测是过于乐观。

生态位因素分析（ENFA）提供了一个相对容易的建模方法，不要求出现点-不出现点信息（仅仅出现点、可获得即可），通过少数变量解释东北虎种群偏好因素，并得出结果。然而，这些因素的解释很困难，因为每个因素都具有大量的变量。因此，虽然使用生态位因子分析模型相对简单，但是弄清东北虎分布的关键因素却有相当的难度。

资源选择函数的主要优点之一是，能够理解哪种变量对定义潜在的东北虎栖息地有最大的影响。资源选择函数的成本决定了保留哪些相关变量并进行建模分析，但是我们保留的变量比其他的具有较高的解释力。虽然资源选择函数模型更难于发展，但是在理解每个变量的相对重要性方面，具有更强的解释能力。

从生态位因子分析模型和资源选择函数模型的结果显示，两者都具有中等的预测能力。专家模型更是如此，如前所述，专家模型的结果比生态位因子分析模型和资源选择函数模型都更乐观。资源选择函数法分析表明，增加了重点猎物相对丰度的信息的模型，比仅仅依靠环境参数的模型更健全，这也是所期望的。值得注意的是，在模型分析过程中，其中的假设是俄罗斯和中国的有蹄类密度是一致的，这显然与实际不符，因此，模型推断出的只是“潜在的”栖息地。要想成为真正的潜在栖息地，必须恢复猎物种群的数量，保证适宜栖息地之间的相互连通。

尽管有这些局限，通过模型分析得出的长白山区东北虎潜在栖息地是可靠的，可以作为确定东北虎恢复优先区的基础。最后，要想使预测的潜在栖息地成为东北虎的现实，还需要积极的工作，努力恢复东北虎的栖息地，并开展长期的观察与监测。

长白山区东北虎的恢复

本项目的分析结果提供了一个明确的空间直观景观模型，依此可确定东北虎恢复的优先区。

分析结果表明，中国的潜在东北虎栖息地比起俄罗斯更加斑块化，东北虎面临更大的危险，其恢复任重道远。当然也有现实因素，如长白山区人口聚集，东北虎密度低于俄罗斯远东地区。因此，长白山景观区东北虎的恢复，应侧重于栖息地的改进，破碎化程度的降低，和猎物密度的增加上来，即使当前最好的东北虎保护优先区，也要如此。

我们在分析中明确了四个主要的东北虎保护优先区，应该在这四个保护优先区开展近期和中期恢复工作（见图18）。当然，最重要的要属珲春-汪清东北虎保护优先区，应在规划中给予高度的重视。这一区域是最好的，与很多栖息地斑块相连接，离俄罗斯虎源群最近，能容纳最大的东北虎种群。更重要的是，东北虎已经在这个保护优先区中出现，恢复工作正在进行中。

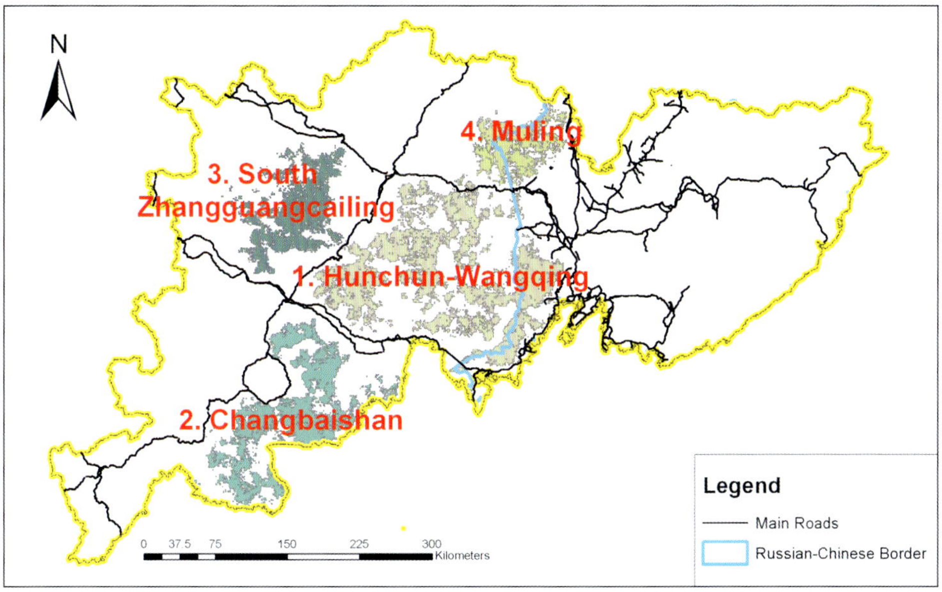

图 21. 长白山景观区中的四个东北虎管理优先区

第二大的是长白山保护优先区，与其他的保护优先区（当前也没有东北虎）有很好的连接，可容纳24只成年虎。然而，长白山保护优先区已经15年没有东北虎的报道了，与源群的最小成本距离（184km）也非常远。很明显，珲春–汪清保护优先区和长白山保护优先区有显著的区别：珲春–汪清已经有东北虎出现，与俄罗斯种群有直接的联系，恢复工作正在进行，而长白山保护优先区却缺乏这些要素。因此，快速恢复东北虎，重点应放在珲春–汪清保护优先区。

张广才岭南部保护优先区和穆棱保护优先区是剩下的两个级别较高的保护优先区，它们都与珲春–汪清保护优先区有潜在的连接性，同时穆棱保护优先区也与俄罗斯东北虎栖息地相连，且俄罗斯东北虎栖息地上，偶尔也有东北虎种群出现。因此，应当采取措施，防止栖息地的丧失，保证栖息地斑块的连通性，创建并保持与珲春–汪清保护优先区的连接通道。

这四个东北虎保护优先区如果相互连接，并且与俄罗斯一方的东北虎种群相连接，则可容纳79只东北虎。尽管数字不大，若能够与俄罗斯的锡霍特山脉种群（目前有400–500个体）相互交流，则长白山---锡霍特山脉的集合种群将很可能成为世界上最大的野生虎种群。这是一个令人羡慕的目标，要实现它，还需做大量的工作。

我们就长白山区进行分析研究，首要目的就是确定东北虎恢复的大的栖息地斑块（保护优先区）。但这不是最终目的，接下来我们要对每个保护优先区做进一步研究，确定有利于东北虎恢复的土地利用方式，并提出保护优先区的优先区和行动。

管理建议

经分析，在长白山景观区还存在着近38500km^{2}的东北虎潜在栖息地。因此，在中国东北恢复东北虎的种群还是很有可能的，但也面临着很大的挑战。与俄罗斯相比，中国的东北虎栖息地破碎化是相当严重的，难以支持可持续的东北虎种群，而且有蹄类密度整体水平较低。要实现东北虎种群的恢复，必须满足东北虎生存的基本需求条件，将东北虎保护纳入国家和地区的发展规划当中，使得东北虎保护与地区经济发展相协调，为此，我们提出如下建议：

1．主管部门应立即认可东北虎保护优先区

我们建议在长白山景观区38500km^{2}的东北虎潜在栖息地中，应立即将31200km^{2}认定为东北虎保护优先区并实施立法管理。主要包括珲春–汪清保护优先区(14239 km^2)，长白山保护优先区(8420 km^2)，张广才岭南部保护优先区(5373 km^2)和穆棱东部保护优先区(3231 km^2)，详见图19。总体上来看，如果在这些东北虎保护优先区实施适当的管理，那么在长白山景观区，将能容纳80头东北虎的生存。

2．应在东北虎保护优先区内，建立保护区以作为保护的核心区域

中国及世界其他地区的实践证明，保护区对于珍稀濒危物种的保护和恢复方面具有极为重要的作用。中国现行的与保护区相关的法律法规，为东北虎核心区的保护与恢复提供了保障。因此，在上述四个东北虎保护优先区新建、扩建保护区是极为必要的。若想有效地保护东北虎，每个保护区的面积必须达到1200–1600 km^2，保证3–4头成年雌虎的生境要求。

3．应立即在珲春－汪清东北虎保护优先区采取保护措施

模型分析结果表明，在大长白山景观区，珲春–汪清东北虎保护优先区（图16）是最为优先的，应采取近期、中期的东北虎保护行动，开展东北虎保护恢复工作：

●在珲春—汪清保护优先区，加强、扩大、连接现有保护区，以创建核心保护区群，旨在支持珲春东北虎/豹保护区，加强东北虎的保护

●在核心保护区外，确定东北虎栖息地，并实施“东北虎友好型森林经营”，如尽可能地推行高保护价值森林（由WWF建议的HCVF）和森林认证（由森林认证管理委员会推动的）工作，制定“东北虎及其猎物友好型森林经营指南”

●在珲春–汪清保护优先区，不再减少森林覆盖率，保证东北虎恢复所需的潜在栖息地林地面积。需要指出的是，与相邻的俄罗斯质量较高的栖息地相比，这些栖息地里已经破碎化了，栖息地恢复的挑战是很大的，应该尽一切可能防止栖息地的进一步破碎化

●探索关键区域内小居民点（林场或小的村屯)迁移的可能性，以减少景观的破碎化，增加景观的连接性

●建立机制，减少地方居民与野生动物，尤其是野猪(它们经常会破坏庄稼)之间的冲突，使得当地的东北虎猎物种群能尽快恢复

●如果能够在关键区域内，关闭一些道路，减少人和车辆的通行，将极大提高东北虎的安全性

●一定要慎重对待新建道路的规划

●应该对珲春–汪清东北虎保护优先区进行详细的分析，指导东北虎的保护与管理

4．采取必要的行动，保护其他东北虎保护优先区的生态环境

长白山、穆棱和张广才岭南部也是潜在的东北虎恢复的重要区域。为了保护这些潜在的东北虎栖息地，必须保证森林植被不再受进一步的破坏。应该于近期，对所建议的廊道进行实地考察验证，采取必要的措施建立和保护这些廊道，确保东北虎在不同保护优先区域间的安全走动。从长远角度来说，在这些优先区里，应该采取与珲春–汪清保护优先区同样的保护行动，但目前应该以珲春–汪清优先区为主，待其有稳定的东北虎种群之后，再开展综合的保护行动。

5．猎物种群的恢复

分析结果证明，有蹄类密度是决定东北虎栖息地质量好坏的重要因素。在有蹄类恢复方面，我们建议开展如下行动：

●继续加强吉林省及黑龙江省的禁猎行动。这将有助于恢复东北虎主要的猎物种群，如马鹿、野猪等

●进一步加大反盗猎的执法力度

●在所有东北虎保护优先区内开展积极、广泛的清套活动

●在长白山景观区和整个吉林省和黑龙江省境内，积极广泛地开展拒食野生动物的宣传活动

●在东北虎保护优先区，特别是珲春–汪清保护优先区，实施广泛的有蹄类监测项目

●在东北虎保护优先区的一些核心区域，选择性地开展东北虎喜食猎物物种的引入活动

6．东北虎种群恢复

除上述的管理行动以外，恢复东北虎种群，还需采取以下措施：

●在珲春–汪清保护优先区，加强反盗猎活动，以更好地保护东北虎种群及其猎物

●创建中俄跨国界自然保护区，有助于中俄边境间东北虎的迁移扩散，提高中国境内东北虎种群的恢复几率

●通过合理、可行的补偿机制，减少人虎冲突，改进家畜饲养技术，减少其被捕食率

●开放中俄国境间的边境围栏，特别是在中俄边境东北虎保护优先区内的围栏，促进中俄间东北虎和有蹄类的迁移。在关键位置上，小于20m的围栏开口将有利于野生动物的跨境迁移，也有利于边防巡护人员的严密（远程）监控

●开展从俄罗斯远东地区向长白山景观区东北虎保护优先区引入东北虎的可行性研究，如向长白山国家级自然保护区及周边优先区引入东北虎的可行性研究。有一些东北虎优先区，虽然拥有大片的林地，但是与野生东北虎的种源地（俄罗斯远东地区）没有直接的连接，如果不采取特别有效的方法，如引入东北虎繁育家族，其东北虎的恢复将是漫长的。可行性研究内容主要包括：是否有安置地区？这些区域在哪里有？猎物密度如何？人虎冲突情况？如何缓解？东北虎监测活动等。

7．东北虎友好型森林经营

对确定的东北虎栖息地实施“东北虎友好型森林经营”，推行高保护价值森林判定（HCVF）和森林认证（FSC），制定“东北虎友好型非林木产品采集指南和建议”，制定“东北虎及其猎物友好型森林经营管理指南”，并开展试点。

8．政府和利益相关者的政策支持

东北虎种群的恢复，要求中国政府和利益相关者给予有力的政策支持：

●必须编制长白山东北虎保护规划，并将其纳入到中国政府和主要利益相关者的保护规划中，在此规划基础上，应制定更为详尽的省级东北虎保护战略规划

●应该充分重视新建道路对东北虎的负面影响。新建的道路，特别是高速公路，会直接导致生境的破碎化和丧失，削弱东北虎保护优先区的有效性。对此类公路的建设审批，应开展基于东北虎及其主要猎物种群的环境影响评价，并在道路规划过程中提出切实可行的保护措施

●实施可持续的可替代生计项目，促进当地社区的可持续发展，减少因东北虎保护造成对当地社区可能的负面影响

STUDY ON THE POTENTIAL TIGER HABITAT IN THE CHANGBAISHAN AREA, CHINA

MAIN AUTHORS

Li Zhenxin, Fridolin Zimmermann, Mark Hebblewhite, Andrey Purekhovsky, Frank Mörschel Zhu Chunquan Dale Miquelle

China Forestry Publishing House

MAIN AUTHORS

Li Zhenxin, Fridolin Zimmermann, Mark Hebblewhite, Andrey Purekhovsky,
Frank Mörschel, Zhu Chunquan, Dale Miquelle

KEY CONTRIBUTORS (IN ALPHABETICAL ORDER)

Bai Xiaoming, Urs Breitenmoser, Esther Blom, Chang Youde, Fan Wenyi, Fan Zhiyong,
Lisa Hickey, Hou Baisen, Liu Weishi, Lou Jia, Mu Huisheng, Sheng Lianxi, Sun Haiyi,
Diane Walkington, Wang Xiancheng, Wu Jingcai, Wu Zhigang, Yulia Kalashnikova,
Yury Darman, Zhang Minghai, Zhang Zhengxiang

Printed in the People's Republic of China

Archives Library of Chinese Publication Number 2010-034572

中国长白山区东北虎潜在栖息地研究 / 世界自然基金
会编著 . -- 北京 : 中国林业出版社 , 2010.3
ISBN 978-7-5038-5544-3

Ⅰ. ①中… Ⅱ. ①世… Ⅲ. ①长白山－东北虎－栖息
环境－研究 Ⅳ. ① Q959.838

China Forestry Publishing House
7,Liuhai Hutong, West-city District, Beijing, P. R. China, 100009
Tel: 010-83227733
E-mail:cfphz@public.bta.cn
http://www.cfph.com.cn
Price:120.00 RMB

PREFACE

Tiger is a fantastic and imposing flagship species in the world with its charm and rally power, and its function of is very important for Asia forest eco-system as well. However, since 1900s, the population number of tiger has dropped persistently. At present, 3 subspecies of tiger include Bali tiger, Caspian tiger, and Javanese tiger, had been extinct one after another. Moreover, as one of 5 existing tiger subspecies, Chinese South Tiger, which is endemic to China, haven't been found for nearly thirty years. Now, there are still 3 subspecies distributed in China, they are: Amur tiger, Indo-chinese tiger, and Bengal tiger. The Amur tiger was distributed across most forests of Northeast China, but the wild population has been dropping dramatically because of habitat loss, fragmentation and degradation, and poaching as well. Presently, there are only around 20 Amur tiger left in Northeast China. Fortunately, there still exist vast intact forests which provides basic safeguard for restoring of Amur tiger population. The population of Amur tiger has been closed to saturation in Russia Far-east area where neighbored to China by adopting effective protection work in past 50 years, and it tends to diffuse to northeast China. Therefore, if we initiate the work of restoring tiger habitat and pray, as well as protecting forest farming landscape in an appropriate manner in Northeast China, the population of Amur tiger will be surviving healthily for a long time, that is even welfare for human generations in future.

In very act of Chinese traditional tiger year, the positive attitude of government and various social organizations is signal sense for conservation of wild Amur tiger. And with the great efforts and supports from international society, the conservation work has been promoted. The book of "The Study on Tiger Potential Habitat in Changbaishan Area, China" is a joint work by WWF" is an joint work by WWF, WCS, and experts from Northeast Normal University, KORA, and Montana University. With advanced analysis measures of world, Amur tiger habitats and potential habitats have been indentified and classified in Changbaishan area by combining many year studies experiences of China and Russia, Nine Tiger Conservation Priority Areas were indentified and the potential diffusing corridors of Amur tiger was forecasted in this book. In addition, the suggestions on recovering Amur tiger population and habitat were proposed for getting support of government policy.

This book provides a solid theory foundation for the conservation work of Changbaishan Amur tiger in China, and in future, it would be a guidance of Amur tiger conservation work in field.

Ma Jianzhang, Academician of Chinese Academy of Engineering

PREFACE

As a global flagship species, tiger plays a critical role in maintaining the health of forest ecosystem. However, the wild tiger population is at a tipping point. Tigers are experiencing a range collapse, occupying 40% less habitat than was estimated just one decade ago. The estimated number of wild tigers is frighteningly low with only 3200 individuals left in the world. Wild tigers are now facing the threats of habitats loss and fragmentation; poaching; inadequate enforcement and weak—all of which in combination have contributed to the decline of the wild tiger. Without immediate, strong action, the next few years will be catastrophic for wild tigers –and leave the species beyond saving.

WWF proposed a bold plan in 2007: to galvanize political will and take action to double the number of wild tigers by 2020, focusing on 13 landscapes that the world's top tiger experts have identified as offering the best chances of growing the world's tiger populations across the species' range. Amur-heilong ecoregion is one of the 13 tiger landscape and existing habitat of Amur tiger, in which Amur tiger is extremely threatened, especially in Changbaishan areas of Northeast China.

To address this situation in Northeast China, with the supports from State Forestry Administration, P. R. China, departments in charge of forestry of Jilin and Heilongjiang Provinces, and WWF network, WWF China and WCS et.al. worked together to study the protecting priority areas and outline the principle suggestions focusing on wild Amur tiger in Northeast China, meaning to restore the tiger populations and distributions to at least 20% of their former range by 2020.

This study is to identify those areas where tigers could potentially survive in the wild, determine where sufficiently large blocks of habitat could retain populations of tigers, identify where connectivity between patches of habitat exists or could be created to link populations, prioritize areas on the basis of their importance for tiger recovery in Northeast China, and show us the possibility of the re-colonization of previously occupied tiger habitat in Northeast China. It is an appreciated pre-step before field works.

This study represents the joint efforts from WWF, WCS and the experts from Northeast Normal University, KORA and the University of Montana et.al. So, I would like to appreciate all the authors and contributors.

Dermot O'Gorman
WWF China Country Representative
2010-03-03

CONTRNTS

EXECUTIVE SUMMARY

The Amur tiger (*Panther tigris altaica*) is extremely endangered in Northeast China, where it was historically widely distributed. However, there still exist vast tracts of forests – the essential base of good habitat for the Amur tiger - situated throughout eastern Jilin and Heilongjiang provinces. Adjacent forested habitat in the Russian Far East holds a population of 430-500 tigers. Although there is no evidence that a stable, reproducing population exists in Northeast China, there are regular reports of tigers in this region, and confirmed reports of tigers regularly crossing the border between Russia and China. Therefore, re-colonization of previously occupied tiger habitat in Northeast China is a very real possibility if steps are taken to identify and manage these landscapes in an appropriate manner.

For effective recovery of tigers, it is critical that potential habitat be identified, and that needs of tigers be incorporated in development plans of the region. As part of this planning process, it is important to first identify those areas where tigers could potentially survive in the wild, determine where sufficiently large blocks of habitat could retain populations of tigers, identify where connectivity between patches of habitat exists or could be created to link populations, and prioritize areas on the basis of their importance for tiger recovery in Northeast China. Such Tiger Conservation Priority Areas could then be incorporated into an integrated tiger landscape conservation strategy and action plan that can define and implement detailed measures for tiger recovery and conservation, such as tiger protected areas, corridors and "tiger friendly" management outside protected areas with state owned forest bureaus, county forest bureaus and local communities. This process requires mainstreaming the tiger landscape conservation strategy and action plan into the national and regional social and economic development plans.

The goals and objectives for this project were defined as follows:

Contribute to the development of a landscape conservation strategy and action plan for tigers in the Changbaishan landscape involving key stakeholders by:

- Defining potential tiger habitat as tiger conservation priority areas for short-term, medium-term, and long-term effective protection and management to recover tigers;
- Identifying ecological corridors between large patches of potential tiger habitat
- Identifying critical priority areas for immediate actions to address the main threats as the base for tiger recovery in the Changbaishan landscape;
- Providing basic recommendations to guide development of a full tiger conservation strategy and action plan.

We recognized that it would be difficult to quantify potential tiger habitat in China because there are so few wild tigers to indicate where tigers could persist in this landscape. Therefore, it would be necessary to rely on information from adjacent areas of the Russian Far East, where a large number of tigers still survive, and where extensive research has revealed much about the ecology of the Amur tiger and its prey.

To try and predict where potential habitat for tigers exists in the Changbaishan landscape, we relied on three types of spatially-explicit modeling approaches. An ecological niche factor analysis model (ENFA) compares use (or an indication of animal presence) to the suite of available resources in the environment, and conducts a factor-analysis to quantify the relationship of biotic and abiotic variables to tiger presence. Resource selection functions (RSF) also attempt to predict tiger distribution based on a suite of environmental variables, but the RSF approach uses logistic regression which provides the opportunity to determine which variables are most useful in predicting where suitable habitat might exist. The third approach, expert-based modeling, relies on expert knowledge and up to date available data and information of Amur tiger and its habitat to define key variables and determine what constitutes suitable habitat. All three approaches have their benefits and disadvantages, and therefore we averaged the results of these models to derive the most robust prediction of where potential tiger habitat exists in the Changbaishan landscape.

The combined results of this modeling exercise suggest that there are approximately 38,500 km^2

of potential tiger habitat remaining in the Changbaishan landscape that is divided into nine distinguishable Tiger Conservation Priority Areas (TPA). A tiger conservation priority area is a set of quality habitat patches surrounded and connected by lesser quality habitat that allows movement between patches, ensuring an interbreeding population of tigers will exist within the unit. Four of these areas - Hunchun-Wangqing (14,239 km^2), Changbaishan (8420 km^2), Southern Zhangguangcailing (5373 km^2), and Muling (3231 km^2) (as designated in Figure 19) include 81% of potential tiger habitat, and have the greatest potential for recovery of tigers. Potential ecological corridors linking these Tiger conservation priority areas have been identified but ground-truthing must be done to assess their feasibility.

Therefore, there still exists the opportunity to recover tigers in Northeast China. However, the challenges are great. Habitat fragmentation has already progressed significantly, making the available habitat less capable of sustaining tigers than in nearby Russia. Prey densities are extremely low nearly everywhere. Recovery of tigers in Northeast China cannot occur unless the basic requirements for survival of tigers are included in regional and national planning. Conservation of tigers does not necessarily have to impede economic development of the region, but inclusion of "tiger friendly" management guidelines in development plans is critical. Towards this end, we make the following recommendations:

1. Immediately officially recognize Tiger Conservation Priority Areas

We recommend that, of the 38,500 km^2 of potential tiger habitat in the Changbaishan landscape, 31,200 km^2 be immediately recognized and legislatively mandated as Tiger Conservation Priority Areas, Hunchun-Wangqing (14,239 km^2), Changbaishan (8420 km^2), Southern Zhangguangcailing (5373 km^2), and Mulingg (3231 km^2), as designated in Figure 19. In total, it is estimated that if these Tiger Conservation Priority Areas are properly managed, approximately 80 tigers could inhabit the Changbaishan landscape.

2. Protected Areas are needed as Core Areas in Tiger Conservation Priority Areas

Experience in China and around the world has demonstrated that protected areas play a critical role in recovery and survival of targeted species. In China existing laws and regulations related to protected areas provide the most effective way to conserve tigers within core areas of recovery zones. Therefore the establishment of new nature reserves, as well as strengthening and enlarging of existing protected areas, especially in the four priority recovery zones, is urgently needed. Such reserves will only be effective in conserving tigers if they are large enough to retain a minimum of 3-4 adult females, which would require 1200-1600 km^2.

3. Immediate conservation efforts should be focused on Hunchun-Wangqing- Tiger Conservation Priority Area

This modeling exercise indicates that the Hunchun-Wangqing Tiger Conservation Priority Area (Figure 16) is the highest priority site for recovery of tigers in the Changbaishan landscape. Conservation actions must be focused on this priority area for the short and medium-term recovery plans. These actions include:

a. Strengthen, enlarge and connect existing protected areas to create a core protected area within the region to assist Hunchun Tiger Leopard Reserve in conserving tigers.

b. Outside the core protected area, designated tiger habitat should be managed with "Tiger Friendly Forest Management" approaches, such as using High Conservation Value Forests (HCVF as proposed by WWF), and Forest Certification (as conducted by the Forest Stewardship Council) as much as possible. As a priority "Tiger and Prey Friendly Forest Management Guideline" should be developed.

c. Protect the potential for tiger recovery in the Hunchun-Wangqing Priority Area by ensuring that no further loss of forest cover occurs there. This region is already more fragmented than good tiger habitat in nearby Russia, and therefore challenges to recovery are already substantial. Opportunities to reduce fragmentation within the Tiger Conservation Priority Area should be explored and exploited wherever possible.

d. Opportunities to move small settlements (forest bureau and township resettlements) should be explored in key areas to reduce fragmentation of the landscape and improve landscape continuity.

e. Development of mechanisms to reduce conflict between local villages and native wildlife – especially wild boar – which cause crop damages, so that native prey populations can fully recovery.

f. If there are opportunities to close roads or restrict movement of people and vehicles on some roads, these actions can greatly improve security for tigers in the management zone.

g. Careful planning of any new road construction project is vital.

h. A detailed analysis within the Tiger Conservation Priority Area needs to be conducted to guide tiger management within the Hunchun-Wangqing area.

4. Take Necessary Actions to Protect Habitat in Other Tiger Conservation Priority Areas

Changbaishan, Muling and Southern Zhangguangcailing also represent potentially important recovery zones for tigers. To ensure that these zones retain potential tiger habitat, it is necessary to prevent further loss of forests in these priority areas. In the immediate future it is critical that ground-truthing of proposed corridors linking these zones be conducted, and steps be taken to secure or create such corridors to ensure that movement between Tiger Conservation Priority Areas is possible. In the long-term, it will be necessary to apply the same conservation actions as proposed for Hunchun-Wangqing Zone, but extensive work in these regions should only occur after a tiger population is well established in Hunchun-Wangqing Recovery Zone.

5. Recovery of Prey Populations

The results of analyses conducted here confirm that prey densities are a critical determinant of habitat quality for tigers in the Changbaishan landscape. To assist in recovery of prey, we recommend the following actions:

a. Continuation and strengthening of the existing ban on hunting in Jilin and Heilongjiang Provinces. This will benefit the recovery of preferred prey species, including red deer and wild boar.

b. Better enforcement of anti-poaching laws and regulations;

c. An active and extensive campaign is to remove snares over the entire Tiger Conservation Priority Areas.

d. An active and extensive campaign is to refuse wildlife meat in Changbaishan landscape and Jilin and Heilongjiang Provinces.

e. A detailed ungulate monitoring program should be established, particularly in the Hunchun-Wangqing Zone.

f. Selective reintroduction of prey species could be necessary to some core areas of Tiger Conservation Priority Areas to facilitate recovery.

6. Recovery of Amur Tigers

In addition to the above practical management actions, some additional measures are needed for the recovery of the tiger population:

a. Strengthening of anti-poaching efforts to protect the tiger population and its prey in Hunchun-Wangqing Tiger Conservation Priority Area.

b. Creation of Sino-Russian transboundary protected areas will increase dispersal of tigers across the international boundary, hoping increasing the rate of recovery in China.

c. Tiger-human conflicts must be reduced through feasible compensation mechanisms and improved cattle husbandry techniques to reduce depredation.

d. Openings in border fences along the Chinese-Russian border, especially in the priority areas along the border of China and Russia are necessary to facilitate movement of tigers as well as ungulates between Russia and China. Small openings (less than 20 m wide) at critical locations will allow movement of animals, but can also be closely (remotely) monitored by border patrol guards.

e. Feasibility study on relocation of tigers from the Russia Far East to the priority areas in the Changbaishan landscape, especially the priority areas around the Changbaishan National Nature Reserve. Some of the tiger conservation priority areas have large enough forest area, but are not directly connected with the sources populations of wild tigers. The recovery of tigers in these areas will take a long time without special measures, such as the relocation wild tiger breeding families. The feasibility study should evaluate if there are suitable areas for relocating tigers and where these areas might be, including an assessment of the prey base, evaluating the potential for human-tiger conflicts and strategies to avoid these, monitoring of tigers, etc.

7. Tiger Friendly Forest Management

Designated tiger habitat should be managed with "Tiger Friendly Forest Management" approaches, such as using High Conservation Value Forests (HCVF as proposed by WWF), and Forest Certification (as conducted by the Forest Stewardship Council) as much as possible. Additionally, guidelines and recommendations for tiger friendly NTFP harvesting should also be developed and included in this approach. Such "Tiger (and prey) Friendly Forest Management Guideline" should be developed and tested in a pilot project.

8. Policy Support by Governments and Stakeholders

The policy supports by the Chinese governments and stakeholders are essential parts of the recovery plans:

a. A Changbaishan Tiger Conservation Plan must be developed and integrated into the Chinese governmental and key stakeholders conservation plans, and relying on general guidance of this plan, strategic tiger conservation plans should be further detailed at the provincial level.

b. Negative impacts of new roads on tigers must be fully considered. New roads – especially highways – result in fragmentation and loss of habitat, and greatly reduce the effectiveness of existing Tiger Conservation Priority Areas. Construction of such roads should only occur in concert with a detailed impact assessment specifically on tigers and their prey, with mitigation measures included in the planning process.

c. Sustainable development of local communities must be cultivated through sustainable/ alternative livelihoods projects to reduce the potential impact of tiger conservation on local communities.

INTRODUCTION

The Amur tiger (*Panther tigris altaica*) is extremely endangered in China. Historically, the subspecies was distributed across most forested ecosystems of Northeast China. Based on historical records and interpretation of historic land cover data, tigers were probably widely distributed across Daxing'anling, Xiaoxing'anling, Laoyeling, Zhangguangcailing, Wandashan, and Changbaishan mountains. Currently, reports of tigers in the Laoyeling, Zhangguangcailing, Wandashan, and Changbaishan Mountains are not uncommon, but there is no evidence that a stable, reproducing population exists in any of these landscapes.

Tiger numbers have dropped dramatically across their entire range in Asia, and China is no exception (Dinerstein *et al.* 2007). Historically there may have been more than 4000 Amur tigers in Northeast China. Based on surveys from the 1970s, the numbers had already dropped to approximately 150 tigers in northeast China. More current surveys indicate there are no more than 16 tigers remaining in the region (Zhou *et al.* 2008). However, there still exist vast tracts of forests - good habitat for the Amur tiger - situated throughout eastern Jilin and Heilongjiang provinces. Adjacent forested habitat in the Russian Far East holds a population of 430-500 tigers (Miquelle *et al.* 2007). Although there is no evidence that a stable, reproducing population exists in Northeast China, there are regular reports of tigers in China, and confirmed reports of tigers regularly crossing the border between Russia and China (Yu *et al.* 2000, Yu *et al.* 2006, Bing *et al.* 2008, Shaochun *et al.* 2008). Therefore, re-colonization of previously occupied tiger habitat in Northeast China is a very real possibility if the appropriate steps are taken to identify and manage these landscapes in an appropriate manner.

Since the International Workshop to Develop a Recovery Plan for the Wild Amur Tiger Population in Harbin in 2000, many tiger conservation projects in the provinces of

Heilongjiang and Jilin have been developed. The Hunchun Tiger and Leopard Reserve was established in December 2001, and several other reserves are either under development or in the application stages. Several long-term conservation and monitoring stations were established (Yu *et al.* 2005, Bing *et al.* 2008). A depredation compensation program is in effect whereby the government compensates local people for losses of livestock to tiger predation (Yu *et al.* 2006). Education programs have been implemented to raise conservation awareness among the local populations. Hunting of wildlife was outlawed in Jilin Province in 1996. Monitoring results from both provinces suggest that the number of tigers may be increasing in the region.

Across most of the forested lands that are potential tiger habitat, local people rely on the forest's abundance of plant and animal products for sustenance and economic solvency. Intensive livestock grazing in forests compete with wild ungulates for forage, leading in some cases to destruction of croplands (by wild boar) and reduction of natural prey for tigers. Free-ranging livestock left overnight in forested areas are easy prey for tigers, further increasing the sense of competition between local people and tigers. Local frog breeders (whose numbers in tiger habitat have increased in recent years) and others use snares to catch ungulates in order to earn additional income, further decreasing natural prey for tigers.

We know that existing protected areas for tigers in Northeast China are far too small to ensure persistence of tigers in the landscape. Given what is know about home range requirements of Amur tigers, a population that includes 20 adult resident female tigers would require at least 8,000 km^2 of continuous habitat (Miquelle *et al.* 1999), far more than any reserve in the region. Therefore, if a tiger population is to recover, the majority of tigers are likely to be living outside protected areas, mainly in Forest Bureau lands across Jilin and Heilongjiang Provinces. Here, careful steps must be taken to minimize conflicts between people and tigers.

Therefore, for effective recovery of tigers, it is critical that potential habitat be identified, and that needs of tigers be incorporated in development plans of the region (e.g., Wikramanayake *et al.* 2004, Dinerstein *et al.* 2007, Ranganathana *et al.* 2008). As part of this planning process, it is important to first identify those areas where tigers could potentially survive in the wild, determine where sufficiently large blocks of habitat could retain populations of tigers, determine where connectivity between patches of habitat exists or could be created to link populations, and prioritize areas on the basis of their importance for tiger recovery in Northeast China. Such priority Tiger Conservation Priority Areas could then be incorporated into a recovery plan that can define and implement "tiger friendly" management guidelines. This process requires integration of tiger management plans with economic and human development plans.

To begin the process of defining suitable habitat for tigers in Northeast China, WWF initiated a series of workshops to engage the State Forestry Administration (SFA), Jilin and Heilongjiang Forestry Departments as well as Forestry Industrial Groups in developing a vision of where tigers will exist in the Changbaishan landscape. This landscape was selected as a priority in Northeast China because it is know that some tigers already occur in the region, and that extensive forest tracts still remain. And yet, despite knowledge that forests still existed and some tigers are present, it was unclear what constitutes potential habitat for tigers, or where tigers could survive in this vast region with minimum conflict with people.

In a preliminary meeting in Yanji, fall, 2008, the planning process was discussed, and it was agreed that the process will be conducted in 2 phases.

1. In the 1st phase (technical/scientific phase) an analysis to identify potential tiger habitat and corridors between suitable habitat patches in the landscape would be conducted. This report represents the results of this first phase technical analysis.
2. In the 2nd phase a landscape conservation plan for the recovery of tigers in Northeast China would be developed based on the results of the 1st phase. This process should be done in close cooperation with relevant authorities. Such a landscape plan can only be developed in close collaboration with relevant government bodies, who will ultimately be responsible for its implementation. This report should provide the foundation and guidance for development of such a landscape plan.

This report represents the results of the first phase. In the fall 2008 meeting in Yanji, specialists discussed mechanisms of how to define tiger habitat, and what datasets would be needed to conduct the analysis. During the following half-year, datasets were prepared and exchanged. Then, under the auspices of a Memorandum of Understanding, both international and Chinese specialists gathered together in Changchun, Jilin Province, between May 23rd to May 31st, to conduct analyses, compare results, and agree on final products of these analyses. This report represents the results of this joint effort.

STATEMENT OF NEED

For tigers to recover and survive in places like the Changbaishan landscape, planning on a landscape-level is necessary to ensure that: 1) collectively it is agreed what the "conservation landscape" for tigers will be for the region, i.e., where tigers could potentially survive; 2) determine the level of connectivity between patches of habitat; 3) identify which patches of habitat have the greatest potential for recovery of tigers (prioritization) for short-term and long-term recovery goals; 4) minimize the potential for conflicts between tigers and people by identifying priority areas for tigers, and where development projects might impact tiger recovery; and 5) ensure that conservation actions are conducted in places that will have the greatest impact for recovering tigers.

Fragmentation of habitat has already occurred across much of Heilongjiang and Jilin Provinces, and localized extinction has already occurred in some of those parcels (e.g. the Western Wandashan, Lesser Khingan Mountains, and Changbaishan Reserve). Other potential fragmentation points may also exist. To avoid further extinctions, and to reverse the current trend, it is critical to identify where potential habitat presently exists across the landscape, and to determine where existing and potential fragmentation points may exist through landuse analyses so that connectivity among habitat patches be maintained or recreated.

GOALS

The goals and objectives for this project, as defined in an MOU between interested parties, were defined as follows.

Develop a landscape conservation plan for tigers in the Changbaishan mountain landscape involving key stakeholders by:

• Defining potential tiger habitat as tiger conservation priority areas for short-term, medium-term, and long-term effective protection and management to recover tigers;

• Identifying ecological corridors between large patches of potential tiger habitat

• Identifying critical priority areas for immediate actions to address the main threats as the bases for tiger recovery in Changbaishan landscape;

• Providing basic recommendations to guide development of a full tiger conservation strategy and action plan.

RATIONALE FOR APPROACH

We recognized from the start that it would be difficult to quantify potential tiger habitat in China because there are so few wild tigers to indicate where tigers could persist in this landscape. The absence of tigers might not indicate that the habitat was poor quality, but perhaps simply that tigers had been eliminated from potential high quality habitat, or that the habitat patch was beyond the dispersal range of tigers (see below) (Sinclair *et al.* 2005, Soberon 2007). Therefore, it would be necessary to rely on information from adjacent areas of the Russian Far East, where a large number of tigers still survive, and where extensive research has revealed much about the ecology of the Amur tiger. Data on habitat selection by tigers could provide evidence of what defines high quality habitat for Amur tigers, and information on the ecology of tigers could be useful in guiding the planning process. We begin with a review of information on the ecology of tigers that is relevant to the landscape planning process.

TIGER ECOLOGY

Tigers are habitat generalists and actually have relatively simple needs for survival: 1) sufficiently large areas to ensure population persistence; 2) adequate prey densities that act as a forage base; 3) low mortality rates due to human activity (mostly poaching). If there is adequate space and prey, and tolerance of local people, tigers are extremely "elastic" and can survive in a wide variety of habitats, feeding on a wide variety of prey species, as exemplified by their former pan-Asian distribution. Nonetheless, a brief review of tiger ecology will greatly facilitate the planning process. A recovery plan for tigers must take into account the specific ecological requirements of tigers in this region. Here we list 6 key elements of tiger ecology that must be considered in landuse planning.

1. **Prey Requirements.** Preferred prey species of Amur tigers are red deer, wild boar, roe deer, and sika deer (Miquelle *et al.* 1996). Adult tigers must kill the equivalent of one large ungulate per week. For females feeding cubs, the rate is even higher. If large prey species are not available, a female can not make a sufficient number of kills to successfully rear cubs (small prey do not provide sufficient biomass to feed both herself and her cubs). Assuming a tiger removes 10%-20% of the prey population per year, a single tiger requires a prey base of no less than 250-500 individuals within its home range to survive (this assumes that such predation rates along with other sources of mortality, are sustainable for the prey populations). Given a home range size of 488 km^2 (see below), prey densities must be no lower than 0.5 ungulates/km. Below this level, it is unlikely that females will successfully reproduce and rear young. Ultimately, population densities of red deer, sika deer, wild boar, and roe deer are a key factor in recovery of tiger populations.

2. **Home range requirements.** Home range size of tigers adjusts to prey biomass (Miquelle *et al.* in press). In tropical systems where primary productivity is high, prey biomass is very high, and female tigers require a home range as small as 20 km^2. In Northeast Asia (Russian and Northeast China) primary productivity is lower, prey densities are lower, and home range sizes of tigers are subsequently much greater. According to data collected in Russia, home ranges of adult female tigers average 488 km^2 (Goodrich *et al.* in press). Because tigresses are territorial, a portion of each home range overlaps with neighboring tigresses. Hence, each female requires approximately 400 km^2 of non-overlapping habitat with adequate prey to survive and raise healthy cubs. This fact is of critical importance in determining area requirements for a population. For instance, in order to maintain a population of 20 breeding female tigers, approximately 8,000 km^2 of well-connected habitat is necessary. No reserves in China cover such a large area, and therefore planning for Tiger Conservation Priority Areas outside protected areas is essential.

3. **Dispersal Capacity.** Male tigers have the capacity to disperse very long distances. Reports of male tigers moving 100s, and even 1000s of km from source populations are not uncommon. Males make such long distance movements in search of potential mates, and will rarely settle in one location unless a female is found. Many of the reports of tigers in remote sections of China are most likely such dispersing males. Data from radio-collared tigers in Russia suggest that females do not disperse such long distances (Goodrich *et al*,

in press). Although sample sizes are still small, available evidence suggests that females seldom disperse more than 30-40 km from their natal home range, and often inherit a portion of their mother's home range. Therefore, even though males have the capacity to travel long distances, such movements will not result in colonization or creation of a new tiger population because females will not be present. Re-colonization of suitable tiger habitat in China, where prey densities are sufficient, is most likely to occur in a "wave" process, with females dispersing small distances from their natal home range, establishing their own territory, and then generating offspring that will move slightly further still. This pattern of colonization should be considered when defining priority areas for conservation: those conservation units closest to existent populations (i.e. close to Russia) have the highest chance of becoming colonized in the immediate future, and therefore should be highest priority for conservation actions.

4. **Survival Requirements for Population Persistence.** Models designed to assess population persistence suggest that if survival rates of adult female tigers fall below 85%, tiger populations will decline and eventually go extinct (Chapron *et al.* 2008). Therefore, retaining high survival rates of adult females is of special importance. Data on causes of mortality in Russia (Goodrich *et al.* 2008) suggest that human-caused mortality (primarily poaching) is the single-greatest mortality agent for tigers. It is likely that similar trends exist in Northeast China. In Russia, there are dramatic differences in survival rates of tigers based on the presence or absence of roads (Kerley *et al.* 2002). Roads provide access for hunters and poachers, who reduce prey numbers and kill tigers directly. Therefore, in assessing tiger habitat, it is vital to include anthropogenic factors, and especially important to consider the impact of roads on tiger populations.

5. **Vegetation Preferences.** Tigers tend to avoid open landscapes, and are nearly always found in forested habitats or in landscapes with very tall grasses and good cover. Aside from this need for cover, tiger distribution will largely be dictated by the abundance of prey in any given habitat. Preference analyses from data in Russia indicate that tigers are more commonly found in Korean pine-mixed deciduous forests, and stands of pure deciduous forests (Miquelle *et al.* 2005). They less commonly use coniferous forests and other natural landscapes (swamps, meadows, alpine areas) and are almost never found in agricultural lands. These preferences really reflect habitat preferences of prey, and are therefore useful in

predicting tiger distribution in Northeast China.

6. **Population size needed for persistence.** Small populations in a fragmented landscape face a much higher risk of extinction. The risk of extinction is related to survival rates (again especially of adult females) and population size. With relatively low survival rates (e.g. 85%) a tiger population would require at least 100 adult females to ensure long-term persistence (Chapron *et al.* 2008). Converting this into land area requirements, such a population would require 40,000 km^2. Ensuring such an expansive, single landscape exists is possible only if forest patches are interconnected via a secure network of ecological corridors that allows movement of tigers across habitat patches to interbreed, and exist, as much as possible, as a single large population. The process of extinction often begins with fragmentation of habitat into numerous small parcels, followed by localized extinction of populations in each of these habitat patches. Small patches, with no connectivity to larger tracts of tiger habitat, will contribute little to tiger conservation.

A DEFINITION OF TIGER HABITAT

Before defining habitat for the Amur tiger, we acknowledge that habitat is one of the most confusing terms used in ecology and wildlife conservation, often used by different groups and fields to have very different meanings (Hall *et al.* 1997). To avoid confusion, and be consistent, we accept the theoretical definition of habitat to be the abiotic (climatic, soil, topography) and biotic (competition, predation) resources and conditions that determine occupancy, survival and reproduction (Sinclair *et al.* 2005). Thus, vegetation communities (Korean pine) are an important resource for tigers, but not in itself, sufficient as habitat unless other key resources and conditions are met. This definition clearly links habitat quality to demography through increased survival and reproduction (and hence population growth) in the highest quality habitat (Sinclair *et al.* 2005, Soberon 2007). Therefore, in our report, we use these definitions for habitat and potential habitat and habitat quality.

In this sense, based on our above review of Amur tiger ecology, habitat selection, diet and dispersal, we use a working definition of Amur tiger habitat as follows: tiger habitat is represented by forested vegetation communities in high primary productivity areas with high densities of preferred ungulates; with low direct mortality from humans through poaching, and low indirect competition with humans due to poaching of wild ungulates. Potential tiger habitat may fit this definition, but not presently have tigers in occupancy, perhaps because it is beyond the dispersal range of extant tigers, is too small to provide occupancy, or is lacking some key characteristic of quality tiger habitat (e.g. prey density) to ensure high enough survival and/or reproduction.

MODELLING TIGER HABITAT

If we understand the distribution of abiotic and biotic resources upon which tigers depend, it should be possible to predict where potential habitat exists in Northeast China, even if tigers do not yet occupy these areas. Because there are multiple factors that influence whether tigers could use a particular landscape, it is convenient to use a modeling approach that can incorporate these many variables. Technically, the most effective approach in conducting an analysis of tiger habitat suitability is through a geographic information systems (GIS) approach that allows multiple variables to be incorporated simultaneously in a spatially explicit manner, and provides a means of identifying habitat patches that could be suitable for tigers on a fine scale, and as part of a larger interconnected system of forest patches (e.g., Wikramanayake *et al* 2004, Dinerstein *et al*. 2007, Ranganathan *et al*. 2008).

Because there is so little information on where tigers existed historically in Northeast China, and no way to predict directly where tigers could now exist in this landscape, it is necessary to define potential habitat based on the nearby population of tigers in the Russian Far East. Here, forest types and ecological conditions are quite similar to those of nearby China. If we can adequately describe the spatial parameters that describe tiger habitat in Russia, then we can use the same set of parameters to predict where suitable habitat likely exists in nearby China.

Because there are likely multiple factors that affect tiger distribution and abundance, one of the most effective approaches is to integrate these factors in a mathematical model that can describe the influence of multiple parameters. However, because few habitat modeling approaches adequately incorporate uncertainty into its predictions (Johnson and Gillingham 2005, 2008), and because all models have their limitations, we considered it prudent to consider different approaches in attempting to define potential tiger habitat in Northeast China. Here, we briefly review three modeling approaches: an ecological niche factor analysis model

(ENFA), a resource selection function model (RSF), and an expert-based model that were incorporated into our analyses. We explain how these models were applied to assess potential tiger habitat and define priorities for conservation in the Changbaishan landscape.

Ecological Niche Factor Analysis (ENFA)

The Ecological Niche Factor Analysis (ENFA), developed by Perrin (1984), Hausser (1995) and Hirzel *et al.* (2002), can be used to define potential habitat using a multifactor analysis akin to principal components analysis. ENFA compares use with availability within a defined study area. The ENFA approach is appropriate in situations where absence data are difficult or impossible to collect. ENFA has been applied successfully to presence-only data in terrestrial mammal survey data (Reutter *et al.* 2003, Zimmermann *et al.* 2007) as well as to telemetry data (Freer 2004; Zimmermann 2004).

Resource Selection Functions

Resource selection functions (RSF) are spatially explicit predictive regression models, often estimated using logistic regression, to predict selected habitats given a set of use and availability data (same as the ENFA) or presence-absence data (Boyce and McDonald 1999, Boyce 2006). Both methods are dependent on having 'use' data points (i.e., locations where tigers were present), some definition of the area of availability or unused areas, and a suite of potential (spatial) predictor variables. Resource selection functions have been successfully used to predict the potential habitat and population size of reintroduced Grizzly bears (Ursus arctos) in Montana and Idaho (Boyce and Waller 2003), habitat and population size of expanding gray wolves (Canis lupus) in the America mid-west and eastern forests (Mladenoff and Sickley 1998, Mladenoff *et al.* 1999), and numerous other species to predict habitat requirements for endangered species and cumulative effects assessment (Johnson *et al.* 2005, Nielsen *et al.* 2006, Jiang *et al.* 2009).

Our main objectives in applying RSF models were to:

1) Develop the best predictive RSF model for tiger habitat based on snow track data in Russia at the survey unit scale for extrapolation to the Changbaishan study area.

2) Explore potential problems with using only environmental variables, without data on

ungulate distribution, in extrapolation to Changbaishan landscape by comparing Russia-based tiger models with and without spatial measures of ungulate abundance.

3) Combine the RSF extrapolation with population estimates for the Russian side of the study area to project the potential number of tigers that could occupy the Chinese side of the Changbaishan landscape.

The context and analytical approach for each of these objectives are delineated in the Methods section.

Expert Model

Because so little data is available on tiger distribution in China, both ENFA and RSF models are based on analyses in Russia that define key parameters that successfully predict tiger distribution there, and then extrapolated to the Changbaishan landscape (sensus Boyce and Waller 2003). A key assumption of these two approaches is that parameters are similar (and similarly measured) in both the Russian Far East and Changbaishan landscapes, and that tigers respond to these parameters in the same way. Because these assumptions may not be completely valid (e.g., the natural and geographical parameters in Russian Far East may differ from those of Changbaishan), and because data availability is often limited, it is valuable to consider models based on expert information from the specific locale of interest (Johnson and Gillingham 2004, Sanderson *et al*. 2002, Doswald *et al*. 2007). While the parameters used in expert models are sometimes more subjective than in other approaches, they provide the advantage of including local knowledge, and can often be as informative as more formal modeling approaches.

Because all three approaches may inform the process, we decided to derive estimates of potential habitat for tigers in the Changbaishan landscape relying on all three approaches. A comparison of these approaches would reveal weaknesses or potential problems, and working collectively, we believe we could derive a more accurate depiction of potential tiger habitat. Ultimately, averaging the results is likely to be more robust than any approach alone (Johnson *et al*. 2005).

Application of Models, Identifying Habitat Patches, and Connectivity Between Patches

The process of identifying potential habitat, defining corridors of connectivity, and prioritizing conservation actions requires several steps in the modeling process. ENFA and RSF models define the probability of use of a resource unit, and therefore can essentially identify patches of quality habitat. However low quality habitat patches, which will normally be excluded from resource selection functions or ENFA models, may still be suitable for movement of tigers between suitable habitat patches (Crooks and Sanjayan 2006, Chetkiewicz *et al.* 2006). Therefore, after resource selection models have been defined, a second process of identifying "connectivity habitat" (not just narrow corridors, but all habitat that can connect patches) must be conducted (Dickson *et al.* 2005). The combination of quality suitable habitat patches and the connectivity habitat provides an indication of where "Tiger Conservation Priority Areas" may exist in the landscape (Dinerstein *et al.* 2007). In this context, a tiger conservation priority area is a set of quality potential habitat patches surrounded and connected by lesser quality potential habitat that allows movement between patches, ensuring an interbreeding population of tigers will exist within the unit.

It is worth attempting to determine whether and where there may exist dispersal corridors between these priority areas. Here, least-cost distance analyses may be applied to search for the most likely (least "costly") means by which tigers might travel between conservation units (Wikramanayake *et al.* 2004, Chetkiewicz and Boyce 2009). To put our terminology in context, "Tiger Conservation Priority Areas" are areas that could contain subpopulations of tigers, and, at a minimum, are similar to Class III Tiger Conservation landscapes (i.e., landscapes that have habitat to support some tigers, but with moderate to high levels of threat). The priority areas and the least cost pathways between them collectively represent a potential Class I Tiger Conservation Unit (landscapes that have habitat to support at least 100 tigers), as defined by Sanderson et al. (2006).

Finally, to provide an indication of potential size of the tiger populations within the conservation units and across the region as a whole (the meta-population), we used the ratio of the average value of the RSF, ENFA, and expert models for conservation units in Russia to extrapolate potential population sizes for the conservation units in the Changbaishan landscape

(Boyce and McDonald 1999, Boyce and Waller 2003). Similar efforts have successfully predicted the number of recovering gray wolves and grizzly bears in North America from RSF models linked to population estimates. These estimates represent a crude attempt to predict the potential of these landscapes to hold tigers, assuming management can bring back prey populations and reduce human impacts on tigers to a level at least on par with that of nearby Russia.

The details of these analyses are described in the methods chapter.

FOCAL STUDY AREA

Geographical, Scope and Area

Two major landscapes were included in our analyses: the Changbaishan, which includes eastern Jilin Province, southeastern Heilongjiang Province, China, and Southwest Primorski Krai, Russia, and the Sikhote-Alin Mountain Ecosystem (Figure 1), which occurs throughout the length of Primorski Krai and the southern third of Khabarovski Krai, Russia. For the purposes of this study, only the southern third of the Sikhote-Alin ecosystem was considered (see below). The entire study area is located between the latitudes 40°52' - 47°15', and longitudes 125°15' - 134°05', and in China includes Changbaishan, Zhangguangcailing and Longgangshan regions. The total area comprises 218,784.7 km^2, with 148,913 km^2 in China and 81,252 km^2 in Russia.

Features of the Changbaishan Landscape

Topography and Geomorphology. The study area includes hilly terrain, and an undulating and relatively complex mountainous area, including a variety of basalt mesa.

The altitude of Changbaishan, Zhangguangcailing and Longgangshan ranges between 800 and 1,100m above sea level. Baitoushan Peak, located on the Changbaishan volcanic cone, is the highest point in Northeastern China, at 2,689 m above sea level, while the Tumen River estuary, at about 5m above sea level, is the lowest point of Jilin Province. This region contains many rivers, narrow valleys and steep slopes. Mountain ranges are often associated with valley basins that mostly run in a north-east and south-west direction.

Figure 1. The Changbaishan Mountain Ecosystem, including Southwest Primorski Krai, Russia, southeastern Heilongjiang Province and eastern Jilin Province, China.

Climate. The climate in the study area is characterized by temperate continental monsoon. The annual average temperature ranges from -7.3 to 7.4 ℃. The average temperature in January is -18.6 to -19.5 ℃ and the average temperature in July is 19.8 to 21.7 ℃. The highest recorded temperature was 37.6 ℃, while the lowest recorded temperature was -44.0 ℃. Affected by the eastern the marine climate, this region is humid with an annual precipitation of 519.5 to1336.7 mm, with the highest precipitation reported at Tianchi weather station in Changbaishan Mountain. Generally more precipitation falls in the southwest part of the study area. Most precipitation occurs in the summer from June to August. The frost-free period varies from 80 to 151 days dependent on latitude, longitude and topography. The date of first snow is normally in early to mid-October, with average winter snow depth ranging from 30 to 50 cm and deeper snows – up to 60-70 cm – occurring in mountainous areas. Northwest winds are most frequent in winter, while southwest winds are more common in spring and autumn.

Hydrology. The main drainage systems in the Changbaishan landscape largely include the Second Songhua River, Tumen River, Yalu River and Suifen River, and Wusuli River. The Tumen River, the Second Songhua River and Yalu Rivers originate in the Changbaishan Mountains.

The Second Songhua River, one of two main branches of Songhua River, is about 790 km in length and includes a basin area of 78,000 km^2, flowing through an olgensis lava plateau region (more than 1000 m above sea level). Narrow-deep riverbeds are its primary feature, and the average annual flow is about 81.9 m^3/s. It has two origins, one in the north (Erdaojiang) and one in the south (Toudaojiang).

Yalu River originates along the south side of Changbaishan system, is about 790 km in length and includes 31,751 km^2 in its watershed. This river lies along the southern border of the planning area and is also the boundary between China and DPR Korea.

The Tumen River, which forms the boundary between China and DPR Korea, originates along the eastern side of Changbaishan mountain, and is 505.4 km long.

Plant species. The Changbaishan planning area belongs to the Pan-Arctic vegetative region of China, and primarily composed of the Japanese forest plants sub-region of Northeastern China (generally called northeast flora or Changbai flora). However, due to a unique geomorphogenesis and geologic history related to the effects of tectonic movement, the species list contains both ancient Tertiary relic species belonging to Europe and Siberia, and southern sub-tropical species, as well as the flora of Northern China and the region's endemic plants, forming a unique vegetative complex. This area was a glacial refuge for many ancient plants. This region has vegetation characteristics ranging from the temperate zone to the polar region.

According to the "Red Book of Chinese Plants" and "List of National Key Protected Wild Plants in China"(1999), there are 18 families and 26 species of plants listed as nationally protected. Important protected species include nine species of trees, eight species of herbs, and nine species of liana. Ginseng (*Panax ginseng*) and Japanese Yew (*Taxus cuspidata*) are considered severely endangered while six species are listed at the second level of endangerment on the national list, and eighteen species at the third level.

Wildlife. The fauna of Changbaishan belongs to sub-region of Changbaishan, Northeast region of China. There are 379 species of vertebrates in the region. These vertebrates include 63 species of mammals (belong to 6 order, 19 families); 277 species of birds (belong to 18 order, 48 families); 15 species of reptiles (belong to 2 order, 4 families); 13 species of amphibians (belong to 2 order, 6 families); and 11 species of fish (belong to 2 order, 4 families) (Table 1).

Table 1. The percentage of different classes of vertebrate in the China

Class	Pisces	Amphibia	Reptilia	Aves	Mammal
Changbaishan	11	13	15	277	63
China	2084	279	376	1186	499
Percentage %	0.53	4.66	3.99	23.36	12. 63

There are 76 species of vertebrates listed as nationally protected in the planning area, of which 45 species were listed at the first (9 species) and second levels (36 species) of national protection.

Vegetation. Plant communities can be categorized into 5 major types.

Korean pine and deciduous mixed forest: This plant community is zonally distributed across the planning area, but its area has shrunk severely due to extensive logging. Broadleaved-Korean pine (*Pinus koraiensis*) forests occur in a belt at elevations ranging from 500-1100 m. Their stand structure is complex with multiple layers, but Korean pine always represents the dominant coniferous species in this community. Other coniferous tree species include Needle fir (*Abies holophyla*), Korean spruce (*Picea koyamai* var. *koraiensis*), and Manchurian fir (*Abies nephrolepis*). The main deciduous trees include Mongolian oak (*Quercus mongolica*), Manchurian ash (*Fraxinus mandshurica*), Amur and Manchurian basswood (*Tilia amurensis, T. mandshurica*), painted maple (*Acer mono*) and Amur corkwood (*Phellodendron amurense*). The shrubs in the undergrowth layer mainly include Manchurian hazel (*Corylus mandshurica*), Spindle bush (Euonymus alatus), Siberian ginseng (*Eleutherococcus senticosus*), and several species of the genus *Acer*. Liana (vines) are relatively abundant in this type of forest, with Amur grape (*Vitis amurensis*), Schizandra (*Schizanda chinensis*), and variegated Actinidia (*Actinidia kolomikta*) some of the most common forms. The soil of this forest type is dark brown forest soil.

Deciduous leaved mixed forest: This community type is now the most broadly distributed and most common type of vegetative complex in the Changbaishan landscape. Deciduous leaved mixed forests are widely distributed in the region at elevations less than 500 m, and they are common in regions where Korean pine and deciduous mixed forests were originally found.

This forest type can include a variety of species and characteristics, including secondary forests of Japanese birch (*Betula platyphylla*), David's poplar, Mongolia oak forests, and deciduous leaved mixed forests. Secondary forests of Japanese birch and deciduous leaved mixed forests mainly appear as pioneer or mid-successional communities after Korean pine and deciduous mixed forests are cut or burnt. The community structure of these forests can be complex, with dominant tree species including birch (*Betula platyphylla*), David's poplar (*Populus davidiana*),Ussuri Aspen (*Populus ussuriensis)*, elm (*Ulmus propinqua*) Manchurian Ash (*Fraxinus mandshurica*), Mongolian oak, and Manchurian Walnut (*Juglans mandshurica*). The shrubs and grasses in the undergrowth layer are similar to Korean pine and deciduous mixed forests. The soil of these kinds of forests is brown forest soil.

Mongolian oak forests are mainly distributed in sites where soil is infertile and is most common on south -facing slopes. Mongolian oak is the dominant tree, with occasionally other deciduous broad-leaved trees co-occuring. Shrubs and grasses in the understory are generally poorly developed. The soil in this forest is brown forest soil.

Coniferous forests: The coniferous forest type mainly includes both natural coniferous forests and plantation coniferous forests. Natural coniferous forests are composed of sub-alpine coniferous forests and natural larch forests. The sub-alpine coniferous forests are distributed between 1100-and 1700 m above sea level, with the dominant trees mainly spruces (*Picea jezoensis* and *Picea koyamai* var. *koraiensis*) accompanied by Manchurian fir . Shrubs in the undergrowth layer are not abundant, but include mountain ash (*Sorbus pohuashanensis*), honeysuckles (*Lonicera maximowiczii* and *Lonicera caeaulea* var. *edulis*). There are a great variety of lichens and mosses on the forest floor. The soil is mountain brown coniferous forest soil. Plantation coniferous forests include plantation larch forests (*Larix* spp.), Siberian pine (*Pinus sylvestris* var. *mongolica*), Korean pine, and spruce plantings. Plantation coniferous forests are distributed across the Changbaishan landscape at elevations from 400 to 800 m.

Others vegetation types: Others vegetation types include others plantations, croplands, orchards and some small areas of natural vegetation such as sub-alpine stone birch forests (*Betula ermanii*), peat bogs, meadows and natural shrublands.

Administrative division and population

The 88,317.45 km^2 of the landscape within Jilin includes four districts, 21 counties, cities or sections, and 271 towns or larger settlements, and a population of about 6.38 million. In Heilongjiang, 60,595.63 km^2 of the Changbaishan landscape includes three districts, 11 counties, cities or sections, and 152 towns or larger settlements where 5.34 million people live (data on population size mainly from the results of the fifth Chinese national census in 2000, www.xzqh.org). The primary settlements and their sizes are shown as Figure 2.

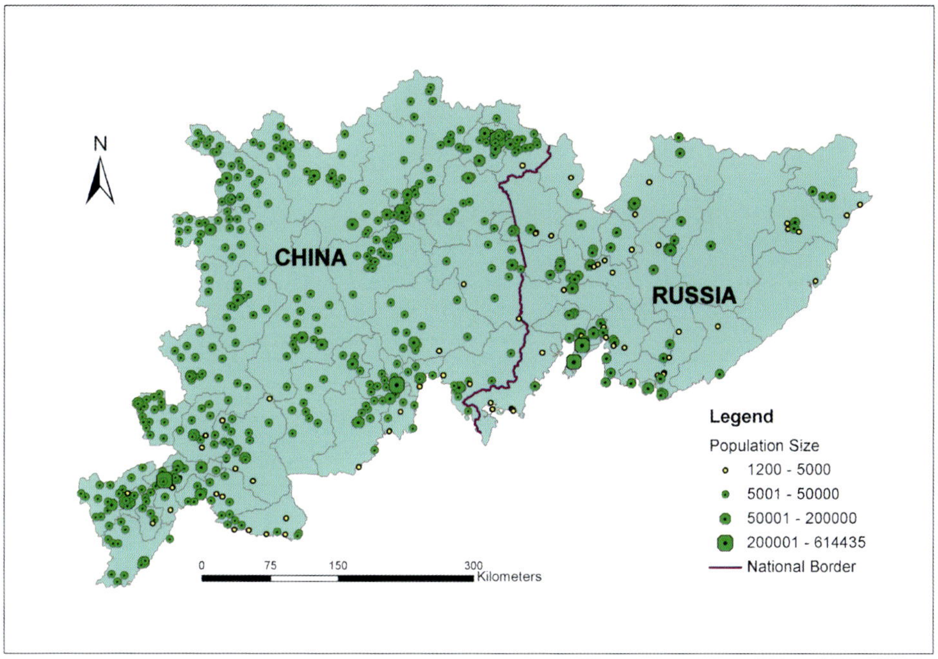

Figure 2. Main settlements in the Changbaishan Landscape and Southern Sikhote Alin Mountain Ecosystem.

Features of the Sikhote-Alin landscape

In Russia, the geographic range of Amur tigers stretches nearly 1000 km south to north throughout the length of Primorski Krai (province) and into southern Khabarovski Krai (Figure 3). The majority of this region is represented by the Sikhote-Alin Mountains, a low mountain range (peaks generally 500-800 meters above sea level) that parallels the Sea of Japan from Vladivostok in the south to the mouth of the Amur River in the north.

Tigers are restricted to forest-covered landscapes which includes over 70% of Primorski and southern Khabarovski Krais (210,000 km^2). Typical tiger habitats are Korean pine-mixed deciduous forests, as well as pure deciduous forest types. The large majority of these forests have been selectively logged at various times in the past, and human activities, in association with fire, have resulted in conversion of many low elevation forests to secondary Mongolian oak and birch forests (Bogatov *et al.* 2000). Above 700-800 m, Ajan spruce (*Picea ajanensis*) – Manchurian fir forests prevail in central Sikhote-Alin.

Environmental conditions vary significantly between the southern and northern reaches of the Sikhote-Alin Mountains. For instance, the elevational transition zone to predominantly coniferous forest types in the south is approximately 800 m, but this decreases northward, until, at 47°20′ latitude, coniferous forests occur along the coastline.
Approximately 2 million people live in that portion of the Russian Far East where tigers occur. About two-thirds of the total human population lives in the 5 largest cities, but villages are scattered throughout the forested region, and logging, hunting and collection of NTFPs are common and in places, intensively practiced. As a consequence of the extensive selective logging that occurs across most of tiger habitat, there is a dense network of logging roads through most parts of the Sikhote-Alin Mountains.

To make comparisons and extrapolate tiger habitat to the Changbaishan Mountains, we selected the southern third of the Sikhote-Alin Mountains and Southwest Primorski Krai as most closely approximating the conditions in China (Figure 3). Therefore, the ENFA and RSF models were developed using tiger distribution and other parameters from southern Primorye, and then applied to the Changbaishan Landscape. The expert model was developed based on environmental predictors in the Changbaisan landscape, and then validated by applying it to the southern Primorye study area. The combined Russian (Sikhote-Alin) and Chinese (Changbaishan) landscapes comprising this greater study area totals 218,784.7 km^2; 81,252.20 km^2 in Russia, and 148,913.1 km^2 in China. The Democratic People's Republic of Korea was not included in this analysis because not all necessary data was available. Nonetheless it may still hold potential tiger habitat, and perhaps even more importantly, may contain ecological corridors that could link potential habitat patches on the Chinese side with the source population in Russia (see below).

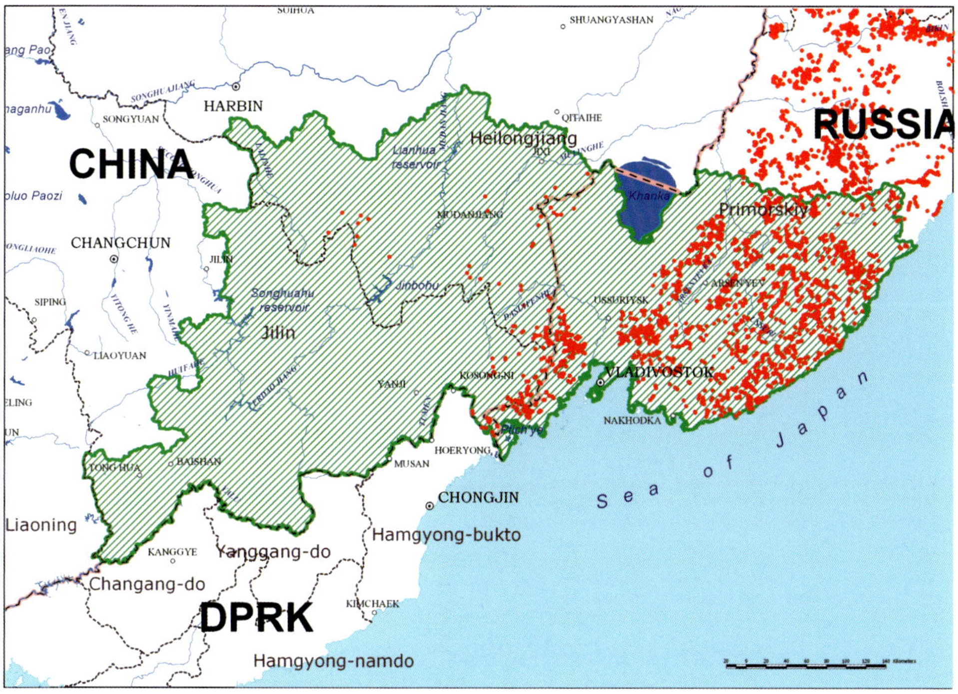

Figure 3. The Changbaishan landscape and the southern Sikhote-Alin Mountain ecosystem, with locations of tigers (red dots) derived from the 2005 Amur Tiger Survey in Russia, and surveys in China from the late 1990s.

METHODS

DATA DESCRIPTION AND COMPILATION

General Tiger and Ungulate Survey Description (Presence data)

We used tiger and ungulate track data collected during a range-wide survey conducted in winter 2004/2005 across all potential tiger habitat in Russia, with routes surveyed during a 3-week period in February and March 2005. Sampling design was similar to that developed for an earlier survey in 1995/96 in which units, routes, and locations of tiger and ungulates tracks were recorded and digitized. The entire range of Amur tigers was divided into sampling units (often based on traditional hunting units) and then within each sample unit (or most sample units), a number of transects were covered by vehicle, snowmobile, or on foot/skis by field technicians, including forestry and wildlife specialists, as well as trained hunters. The number and location of tiger tracks were recorded on a 1:100,000 scale map, and other information on tigers including sex, group size (in the case of females with cubs) was also recorded. A total of 1271 tiger tracks were recorded during the simultaneous winter survey, with 595 tracks within the southern Primorye study area, as defined above (Figure 3). These tracks were used to calibrate/validate the ENFA and RSF habitat models. For ungulates, location, species and group size were recorded on a 1:100,000 scale map and then digitized. Because high elevation areas generally retain deep snows that limit use by ungulates and tigers, areas >800m were generally not surveyed. Population estimates for the Amur tiger were derived using expert assessments or track algorithms (Miquelle *et al.* 2006) or, in the case of ungulates, track abundance was used as an indicator of relative ungulate abundance (see Miquelle *et al.* 2006 for detailed description of the methods used for collecting winter track data).

These data were used for analyses at two spatial scales; at the scale of the survey (sampling) unit and then, within-sampling units at the finer scale of the survey route. We refer to these two spatial scales as the sampling unit scale and the track survey scale hereafter. Figure 4 illustrates the two sampling scales with the sampling unit polygons with tigers present outlined in red (survey units without tiger tracks outline in grey) and the spatial locations of tigers along survey routes within the units represented as blue points. Information about tiger presence or absence could be summarized at either the sampling unit scale or along the finer survey route scale with such data. Spatial covariates associated with each sampling scale would be scale-specific; for example, the mean elevation in a particular sampling unit, or the estimated elevation at an individual tiger track along a track survey. Analysis at the finer spatial scale along tracks is complicated because location of transects is non-random and biased, e.g. they often tend to follow existing forest roads, or be in close proximity to roads.

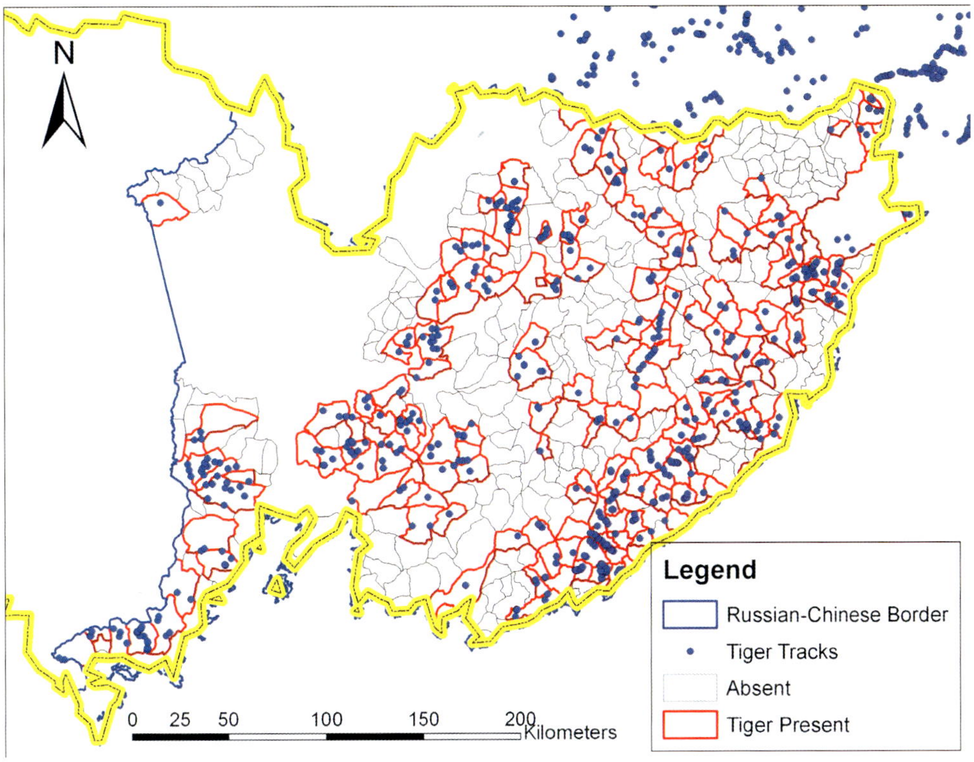

Figure 4. Southern portion of Primorski Krai area surveyed for tigers in the Russian Far East showing sampling unit design used in resource selection function with sampling units (polygons) where tigers were present (in red) or absent (grey) were treated as a used-unused design to develop RSF models for extrapolation to the Chinese portion of the Changbaishan study area.

Landscape Predictor Variables: Data Descriptions

Elevation – For the ENFA and RSF models we used the digital elevation (DEM) from the Shuttle Radar Topography Mission (SRTM). This data set has a 3-arc second resolution (approximately 90m at the equator) and is available for the whole world. The data were processed by NASA and USGS using the methodology described by Reuter et al. (2007). The first processing stage involves importing and merging the tiles into continuous elevational surfaces. The second process fills small holes iteratively and is cleaning of the surface to reduce pits and peaks. The third stage interpolates through the holes using a range of methods based on the size of the hole, and the landform that surrounds it. More methodological details as well as the whole data set can be found at http://srtm.csi.cgiar.org/. We used this DEM to calculate slope (degrees), aspect categories, and hillshade using the ARCGIS 9.2 Spatial Analyst Extension. For the expert model another DEM SRTM data set was used (downloaded from website: http:// glcfapp.umiacs.umd.edu) with cell size of about 78.5 m .

Net primary productivity – We used a satellite derived calculation of the peak net primary productivity (NPP) measured during the growing season of 2004 (May 1 to Sept 30) from the Earth Observation System MODIS (Moderate Resolution Imaging Spectroradiometer) (Running *et al.* 2004, Turner *et al.* 2006). Net Primary Production is reported in units of kg/hm^2 and is calculated at a 1km^2 scale based on an algorithm that combines remotely sensed vegetation indices (the Normalized Difference Vegetation Index, NDVI, and absorbed photosynthetically active radiation, APAR, Huete *et al.* 2002) and daily 1km^2 gridded global metereology (precipitation, temperature, cloud cover (Mu *et al.* 2007) to derive NPP estimates. See Running *et al.* (2004) for a general description of the global NPP and Heinsch *et al.* (2003) for a detailed users guide. In the Changbaishan region (Figure 2a), the highest primary productivity areas were found along the southeastern borders of the region, the lowest surrounding agricultural areas, and the intermediate ranges were primarily found in forests (Running et al. 2004).

Snow cover – We used an index of snow cover calculated as the percent (0-100) of the winter months during the winter 2004/2005 (Nov 1 to Apr 30) that each 500m^2 MODIS satellite pixel was covered with snow based on the MOD10A snowcover product (e.g, Klein *et al.* 1998, Huete *et al.* 2002). Importantly, snow depth has been shown to be correlated with remotely sensed measures of snow cover. We obtained NPP and snowcover directly from the Numerical Terradynamics Simulation Group (NTSG) at the University of Montana as the MOD17A3 and MOD10A products, respectively, from the MODIS satellite. In the Changbaishan region, the highest snowcover generally occurred at higher elevations, although there was a gradient in snowfall from the SW to the NE (higher) that was not captured merely by elevation.

Land cover – On both the Chinese and Russian sides of the border we used data derived from the data of the Joint Research Committee (2000), based on the space imagery of Spot 2, Spot 4 (http://geoserver.isciences.com:8080/geonetwork/srv/en/metadata.show?id=55). On the Chinese side, supplemental data was derived from and Landsat7 TM/ETM+ images. Forest types are defined by the dominant overstory species, and further refined by overstory features. Smallest patches categorized in inventories are 1 km×1 km. Additionally, forest inventory data at a scale of 1:50,000 were collected from Jilin and Heilongjiang Province research institutions and universities. We collapsed land cover into only four categories for analyses: mixed Korean pine-deciduous forests, pure deciduous forests, coniferous forests plus other natural landscapes, and human dominated landscapes.

Roads – Road data in Russia was derived from official geodesic data of 1973 derived from Vmap0 – a free source data for the whole world, digitized at a scale of 1:100,000 and updated by WWF, based on the Road Atlas 2008. In China, road data was derived from National Geography Information Center at scale of 1:250,000. We grouped roads into 3 categories on the basis of traffic volume: low-use roads (mostly forest logging roads), secondary roads (unpaved or small rarely used paved roads) that receive moderate levels of traffic, and primary roads (highways and main access roads) that have high volumes of traffic (Figure 5).

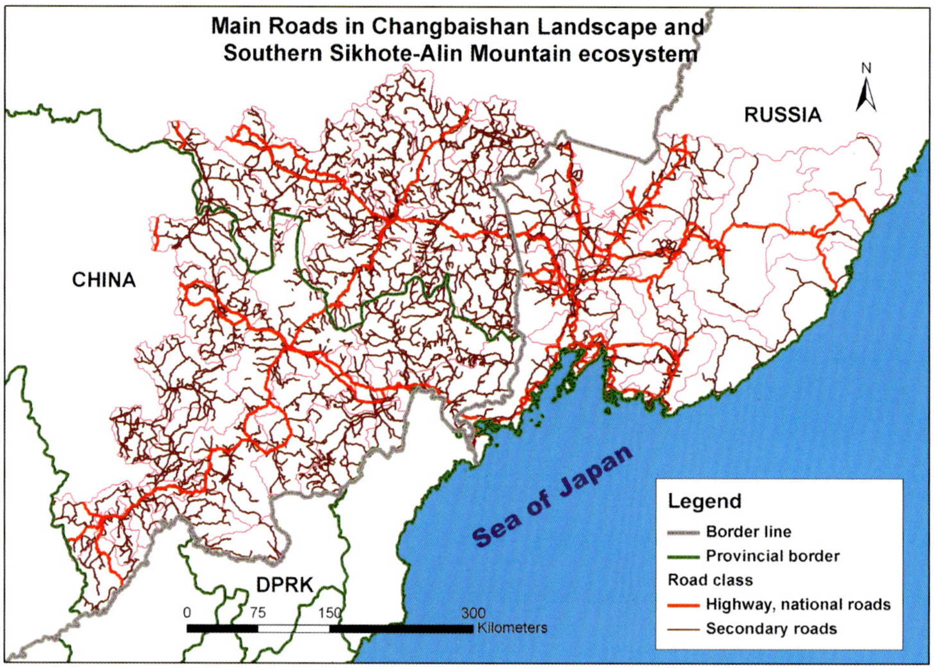

Figure 5. Primary (highways) and secondary roads in the Changbaishan Landscape and Southern Sikhote Alin Mountain Ecosystem (unpaved logging roads not shown).

Settlements – Data from Russia were derived from Russian topographic maps (1:500,000) created in 1985, and updated with Landsat 7 images from 1999-2001. Population size of settlements was derived from Vmap0 data. In China, settlement data was derived from National Geography Information Center at scale of 1:250,000. Because only point data were available within China, settlement polygons from the Russian part of the study area were transformed in point shapefiles for analyses. We defined 2 categories of settlements based on population size: small towns or villages (less than 20,000) and cities (> 20,000). For the expert model village density was calculated by the square moving window with area of 100 km^2 (10 km×10 km).

Table 2. Predictor variables used in three modelling processes.

Variables	Sources	Variables used in model		
		ENFA	RSF	Expert
1. Elevation	Srtm	X		X
2. Slope	Srtm	X		
3. Hill shade	Srtm	X		
4. Aspect	Srtm	X		
5. Net primary productivity	MODIS	X		
6. Snow cover	MODIS	X		
7. Mixed Korean pine deciduous forests	WWF, WCS	X	X	X
8. Pure deciduous forest	WWF, WCS	X	X	X
9. Coniferous forests and other natural	WWF, WCS	X	X	X
10. Human dominated landscape	WWF, WCS	X	X	X
11. Villages[a]	WWF, WCS	X	X	X
12. Cities[b]	WWF, WCS	X	X	X
13. Low-use roads	WWF, WCS	X	X	
14. Secondary roads	WWF, WCS	X	X	X
15. Primary roads	WWF, WCS	X	X	X
16. Red deer track density	Miquelle et al. 2006		X	
17. Wild boar track density	Miquelle et al. 2006		X	
18. Sika deer track density	Miquelle et al. 2006		X	
19. Roe deer track density	Miquelle et al. 2006		X	
20. Summed prey density (sum of 22-25)	Miquelle et al. 2006			X

a The expert model used the density of villages in 10km×10 km square moving window but used distances for cities, counties and towns (10 km for cites, 5 km for counties and 2 km for towns). The ENFA used distances to villages and cities whereas densities were used in the RSF for both settlements categories.

b The expert model used 3 categories of cities: cities, counties and towns

Prey base – Relative ungulate density (tracks/km) in the Chinese portion of the Changbaishan was derived by expert assessment based on data collected from field surveys conducted from 1999 to 2000 by the State Forestry Administration (SFA). For purposes of this analysis, data from this survey were converted into relative density estimates for 225 km^2 grid cells. This dataset was then converted to point data, so that a continuous prey density map could be derived for cell sizes of 200m×200 m. Data on relative prey abundance in Russia was derived from winter survey data in 2005 (see above). For the Expert Model extrapolation to Russia track densities were summed and averaged for the four key prey species combined (red deer, wild boar, sika deer, and roe deer) across all survey routes within each survey unit. For the RSF model, track density/km was entered as a separate variable for each species for each survey unit. Because data collection was conducted very differently in Russia and China, and because ungulate survey data on the Chinese side was not considered of sufficient resolution for use in the mathematical models, ungulate data was not included in efforts to extrapolate potential tiger habitat in China from the Russian side (see below).

HABITAT MODELING APPROACHES

The Ecological Niche Factor Analysis (ENFA)

Ecogeographical predictor variables are first summarized into a reduced number of uncorrelated and standardized factors – a procedure similar to the Principal Component Analysis. The first factor explains all the marginality of the species, i.e. how it differs from the average conditions of the study area. The other factors explain the species' specialization, i.e. how selective it is by comparing what is used by the animal to the available range of environmental conditions within the study area. Factors were retained as long as their eigenvalue was higher than that predicted by a MacArthur's Broken-Stick distribution (Jackson 1993). Several factors are usually sufficient to capture the majority of information, with the amount of information explained by each factor weighting the environmental space dimensions in the habitat suitability algorithms. The small number of factors and their independence make them easier to use than the original predictor variables.

Initially an ENFA for the Amur Tiger in Russia was developed including all variables (Tab. 2). To obtain a simple final model without loosing too much information the variables with the lowest contributions to specialization and marginality were discarded if the bivariate correlation between any two remaining variables exceeded a threshold of 0.7. The species distribution according to these factors was then used to compute a habitat suitability index ($0 \leq HS \leq 100$) in the Changbaishan region in China for the same set of predictor variables. Four algorithms (median, harmonic mean, geometric mean, and minimum distance) are available to compute the habitat suitability index (see Hirzel & Arlettaz 2003 for details). In our case we used the harmonic mean algorithm. The ENFA analyses were been performed with Biomapper 4.0 (Hirzel *et al.* 2007).

Evaluation of the ENFA

We divided the 2 km×2 km tiger presence cells in Russia into cross-validation groups following a k-fold partitioning design (Fielding & Bell 1997), with k = 10 in our analysis. Using cross-validation procedures, we trained our model iteratively on nine of the ten data sets using ENFA analyses. Validation was based on the remaining testing set. This procedure provided 10 values for each evaluation measure, summarized by their mean and standard deviation. We computed three presence-only evaluation measures. First, the Absolute Validation Index (AVI) is the proportion of the evaluation partition with habitat suitability greater than 50; it indicates how well the model discriminated high-suitability from low suitability areas (Hirzel & Arlettaz 2003; Hirzel *et al.* 2004); AVI varies from 0 to 1. Secondly, the Contrast Validation Index (CVI; equals to AVI minus the AVI of a null model which would predict suitable habitat at random) indicates how much the AVI differs from what would have been obtained with a random model (Hirzel & Arlettaz 2003; Hirzel *et al.* 2004); it varies from 0 to AVI. On a basis of an arbitrary threshold (habitat suitability = 50), these two measures determine how good the model is at discriminating between presence and absence. Thirdly, and by contrast, the Boyce k-folds cross validation index (Boyce *et al.* 2002), which provides a more continued assessment of the model's predictive power (Hirzel *et al.* 2006). K-folds cross-validation uses the logic that if the model was predictive of good tiger habitat, then there should be a correlation between the frequency of tiger observations in habitat deciles (bins) and the ranked quality of those bins. Predictions were divided into 4 equal-interval bins (Boyce index B4; see Sattler *et al.* 2007), scaled between 0 and 100 and the number of presence cells of the evaluation partition falling into each class was counted. Combined with the total area covered by each class in the study area this provides a predicted-to-expected frequency of presence for each bin. A Spearman-rank correlation between area-adjusted frequencies of cross validation cells within individual bins and the bin rank was calculated for each cross validated model as described in Boyce *et al.* (2002).

Interpolation/Extrapolation of ENFA to Changbaishan landscape

In practice habitat suitability models are usually calibrated on a number of sites within a study area and thus, technically are only valid within that area. However, in our case the model derived from data in Russia was generalized to the wider Changbaishan region, making predictions for an area that was not part of the calibration set. We used the tool "Extrapolate" in Biomapper 4.0 (Hirzel *et al.* 2007) to interpolate/extrapolate the model over the whole Changbaishan landscape. The resolution of the extrapolation model that was generated was set to 50 (higher values result in a smoother habitat suitability map) and the allowable percentage of extrapolation to ± 10%, meaning that habitat suitability values will be computed for a factor value combination ranging 10% below and above the original range. The "Extrapolate" tool also provides information on the status of the cell in the context of the generalization according to Hirzel & Le Lay (2008). It distinguishes between: i) a direct cell, whose factor value combination exists in the original area, ii) an interpolated cell whose factor value combination does not exist in the original area but still falls in the original range, iii) an extrapolated cell whose factor values falls out of the original factor range but is still inside the margins set for extrapolation when building the model; and iv) a cell which is not computed because it is outside the margin, meaning a habitat suitability index cannot be computed at all. The confidence in the new habitat suitability values decrease from i) to iv). Whilst interpolation is acceptable and generally unavoidable, extrapolation can be hazardous and should be done with caution.

Presence data

We laid out a 2km×2 km grid across the Southern Primorye landscape, and considered any cell containing at least one tiger track collected during the simultaneous survey to represent a "presence" data point. A total of 441 cells in which tigers were present were thus defined for the analyses.

ENFA Application of Predictor Variables in the Changbaishan Landscape

The whole Changbaishan planning area including the southern part of the Russian Far East was modeled as a raster map based on UTM 52N projection, comprising 56,141 grid cells of 2km×2km. The predictor variables describing quantitative characteristics for each cell are summarized in (Table 2). From this information, we computed a neighborhood statistics within a five kilometer radius window around each 2km×2km cell: frequency in the case of the four land use predictors; and the mean and standard deviation in the case of elevation, slope, aspect, hillshade, net primary productivity, snow cover and mean kernel density of low-use, secondary and primary roads. The Euclidian distances from all cells within the study area to villages and cities was included as a variable (see Table 2). To conduct calibration and validation of the model (which could be performed only in the Russian study area where tiger presence data existed (Fig. 2), all environmental predictors were masked prior to the analysis so that they encompassed only the Russian study area, comprising 19,545 cells of 2km×2km. Prior to the analyses all masked environmental predictors were normalized as much as possible using the Box-Cox transformation (Box & Cox 1964). The original environmental variables for the entire Changbaishan landscape planning area were then used without any transformation for model extrapolation.

Resource Selection Function (RSF) Modeling

For predicting potential tiger habitat in the Changbaishan planning landscape, we adopted the sampling unit (as described above in section on tiger and ungulate data) (Fig. 1) as the appropriate scale of analysis because of its correspondence with the appropriate biological scale of interest. Johnson (1980) recognized 4 hierarchical scales of habitat selection by animals: 1st order scale represents a species range; 2nd order scale relates to where individual animals establish a home range (the process required to establish tigers in China); 3rd order selection represents habitat selection within a home range, and 4th order selection which usually describes diet or fine-scale selection, in the case of tigers, for example, ungulate prey selection. As reviewed above in the section on tiger ecology and dispersal, expansion of tigers into China will depend critically on dispersal, a second-order habitat selection decision according to Johnson's (1980) definitions. The spatial scale of sampling units, with an average size of 135 km^2 in southern Primorski Krai, is of the same order of magnitude as the average home range size of a female tiger (Goodrich *et al.*, in press), and therefore was selected as the appropriate scale for analysis.

RSF Modeling Strategy

Our goal was to identify potential habitat for Amur tigers in the Changbaishan landscape at the sampling unit scale described above by using data collected by Miquelle *et al.* (2006) to define potential habitat across the southern half of Primorski Krai (Fig. 4), and then, as with the ENFA approach, extrapolate the results to the Changbaishan landscape. In our sampling design, we compared resource selection by tigers between used and unused sampling units following a presence-absence design (Fig. 4) where individuals were not known and inferences are valid at the population level (Manly *et al.* 2002). We derived estimates of predictor variables at the scale of the sampling unit, where mean variable values (density of roads, % forest type 1, etc) were calculated for used (present) and unused (absent) sampling units. Used and unused sampling units were then contrasted with logistic regression using the following equation:

$$\hat{w}(x) = \exp(\beta_0 + \beta X / (1 + \exp(\beta_0 + \beta X)) \quad \text{(equation 1)}$$

where $\hat{w}(x)$ is the probability of selection as a function of variables xn, β_0 is the intercept, and βX is the vector of the coefficients for independent variables 1…n as follows:

$$\hat{\beta}_1 x_1 + \hat{\beta}_2 x_2 + \ldots + \hat{\beta}_n x_n \quad \text{(equation 2)}$$

estimated from fixed-effects logistic regression (Manly *et al.* 2002). In applying the presence-absence design, equation 1is a true probability and is referred to as the Resource Probability Selection Function (RSPF) (Manly *et al.* 2002).

In comparison to ENFA, RSF modeling takes a more generic multiple regression approach to identify the suite of covariates that define potential habitat, and as such, the modeling strategy must address covariate selection and screening for multicollinearity, model selection, model evaluation (goodness of fit), and, as for all habitat models, an evaluation of the predictive capacity of the model (Pearce and Ferrier 2000, Boyce *et al.* 2002). Following these steps, the resultant RSF is usually a linear function (in the logistic link form) of a suite of nominally independent predictor variables given by Equation 1 above. In this sense, the only real difference between ENFA and RSF is the direct ease of interpretation of covariate values traded-off against the potential for confounding, collinearity, and the difficulty of model selection in the RSF.

We generally used the same set of spatial predictor variables as used in the ENFA analysis (Table 2). However, we calculated the average values for each continuous covariate within each survey unit using ARGIS 9.3 Zonal Statistics function, and for categorical covariates, we calculated the % of the survey unit in each of the 4-land cover categories. To create spatial predictions of the RSF in China, we used a moving window analysis to spatially scale variables appropriately using a circular moving window with a 6.6 km radius, equivalent to $135km^2$.

We adopted a univariate and stepwise model selection approach following the approach of Hosmer and Lemeshow (2000). First, we screened potential variables for collinearity using a cut-off of r=0.5 (Menard 2002). We then assessed univariate importance of each of the variables, looking for linear, and non-linear effects using quadratics ($x+x^2$) and fractional polynomials (Hosmer and Lemeshow 2000). Next, we added plausible interaction terms based on our knowledge of tiger biology, including interactions between the effects of roads and land cover types based on similar interactive effects on other carnivores (Hebblewhite and Merrill 2008). Once the best functional form of each univariate variable was determined, as well as interaction terms, we included it in a best all-inclusive model for which we then conducted stepwise model selection using AIC (Burnham and Anderson 1998). We tested for confounding between retained variables by systematically removing and adding variables to ensure that the remaining variables were not unduly confounded, and tested for collinearity amongst retained covariates using the variance inflation factor test (Menard 2002). We tested for model goodness of fit using the linktest (Hosmer and Lemeshow 2000), likelihood ratio chi-square test, and by assessing residuals. We evaluated the predictive capacity of the top model using pseudo-r^2, logistic regression diagnostics such as ROC (receiver operating curves), and classification success. Most importantly, for habitat modeling, we evaluated the predictive capacity of the RSF model as was done for the ENFA model, using k-folds cross validation between the top model structure and 5-randomly drawn subsets of the Russian tiger data (Boyce *et al.* 2002).

Comparison of RSF models with Ungulate Covariates to Environment Covariate Only Models

The types of variables employed in developing any model will obviously have a large influence on the success of the model in predicting potential suitable habitat. For large carnivores like tigers, it is clear that the distribution and abundance of key prey species (ungulates) is one of the key factors determining their distribution and abundance (Karanth et al. 2004, Miquelle et al. in press). Therefore, inclusion of prey abundance should theoretically greatly improve predictive powers of such models. However, while estimates of prey densities are available from the detailed surveys in Russia, data of similar resolution were not available to us in China. Therefore, we attempted to develop a two-staged approach to this modeling exercise: 1) we first developed an RSF model that included distribution of key prey species to represent the most robust model possible; 2) we then looked for alternative environmental variables that might correlate with prey distribution, which could be included in a model that could be applied across both landscapes.

To test the hypothesis that knowledge of ungulate distribution and abundance is important to predict where tiger habitat exists, we included in the top model selected in the previous section spatial variables that defined track density recorded on transects in each survey unit for the top four ungulates selected by tigers; red deer, wild boar, roe deer and sika deer. We then conducted stepwise model selection to remove non-significant variables in the presence of these ungulate covariates.

The Expert Model

The Expert model used predictor variables similar to those derived for the ENFA and RSF models (Tables 2 and 3). However, instead of using data from Russia to identify how well potential variables successfully predicted tiger presence, the Expert model directly assigned cost values to a range of values/categories within each of the five variables identified as predictors of habitat suitability for tigers, with the lower the cost, the higher the value of the parameter (Table 3). These values were assigned based on an understanding of habitat requirements for tigers, and the potential value of human-altered landscapes for tigers. The following assumptions were made in the expert model:

1. Existing large enough (e.g. more than 500km^2) natural forest patches distributed within median elevations in Changbaishan landscape are the essential condition defining potential tiger habitat;
2. Occurrence and abundance of prey species (red deer, wild boar, roe deer and sika deer) are the limited factors for potential tiger habitat becoming suitable tiger habitat;
3. The sites where tigers are currently found in the Changbaishan landscape are not always the most suitable habitat for Amur tiger; so it is not reliable to derive the main parameters from these sites to identify the suitable habitat for Amur tiger.

Based on these assumptions and the availability of data, five variables were included in the model: elevation, land cover type, relative ungulate density, proximity to roads, and a settlement disturbance factor (which included village density and an impact factor for large settlements). It was assumed that median elevations were superior to low elevations (mostly populated by humans) and high elevations (low quality forests), an assumption confirmed in the RSF model (see below). Mixed coniferous-deciduous forests, and deciduous broadleaved forests were considered better tiger habitat than coniferous forests, shrublands, or wetlands, also corroborated by independent analyses (Miquelle *et al.* 2005). Cells with higher relative ungulate densities were assigned lower costs (better quality habitat), as cells further from roads, and with lower densities of settlements. These values were assigned to cells of 200m×200m (40,000 m^2) across a grid covering the Changbaishan landscape in China.

Table 3. Cost allocations of five predictor variables used in the Expert Model: the lower the cost, the higher the value in terms of habitat suitability for tigers

Layer	Suitability	Cost	Parameters
Elevation	Best	1	400-800m
	Good	2	200-400m, 800-1500m
	Poor	4	<200m, >1500m
Landcover	Best	1	Mixed Korean pine deciduous forests
	Good	2	Pure deciduous forest
	Poor	6	Coniferous forests and other natural
	Not-suitable	15	Human dominated landscape
Ungulate	Best	1	0.5625-0.75 tracks/km
	Good	3	0.375-0.5625 tracks/km
	Poor	6	0.1875-0.375 tracks/km
	Not suitable	12	0-0.1875 tracks/km
Distance to Roads	Best	1	>5 km for primary roads, >3 km for secondary roads
	Good	2	2-5 km for primary roads, 1-3 km secondary roads
	Poor	6	0-2 km for primary roads, 0-1 km secondary roads
Settlements Cost	Best	1	Village density 0-2/100km^2,
	Good	2	Village density 3-6/100km^2,
	Poor	6	Village density 7-19/100km^2,
	Not suitable	12	Within 10 km of a City Within 5 km of county center or 2 km of town

Assessment of Tiger Habitat. The value of every cell in the grid was first evaluated using the first three natural parameters (Table 3) as:

Tiger habitat value (without human disturbance) = elevation + land cover + ungulate density

Because the information of prey density in China was not accurate and was relatively old, we conducted a second analysis that excluded prey density from the analysis, and relied only on two variables (elevation + land cover).

The impact of anthropogenic factors on potential tiger habitat was then assessed as:

Anthropogenic impact = road proximity + settlement density

The value of each grid cell as potential tiger habitat was then derived as the sum of the natural and anthropogenic factors for both analyses.

To compare the Expert model with the two other models (ENFA, RSF), the same approach was applied to the Russian Far East study site (Fig. 3), using the same suite of predictor variables.

Model Averaging and Comparison of the Three Modeling Approaches

We calculated an overall habitat quality index by averaging all three habitat models after re-scaling all models identically between 0 (unsuitable) and 100 (suitable). The habitat suitability (HS) values of the RSF model ranged form 0 to 1.0 and were thus multiplied by 100 prior to model averaging. The HS values of the expert model ranged from 4 (suitable) to 37 (unsuitable). To rescale the expert model, we used the following algorithm:

New HSexpert = Rounddown(|Old HSexpert – 38|*100/34)

The values in the new expert HS ranged form 2 (unsuitable) to 100 (suitable). The coefficient of variation (SD/mean *100%) was furthermore calculated to see where the results of the three models deviate.

To compare the predictions of the three modeling approaches against each other we evaluated the correlation between all three models from 10,000 randomly generated locations across the entire Changbaishan and Russian landscape.

Identifying Tiger Habitat Patches

To identify discrete tiger habitat patches in the Changbaishan landscape that might serve as the basis for defining Tiger Conservation Priority Areas, we used a cut-point value to discriminate habitat from non-habitat following guidelines of recent habitat modeling studies (Liu *et al.* 2005). We used a cut-off value for the averaged Amur tiger habitat model such that 85% of the 1km×1km cells with tiger tracks collected during winter 2004/05 in the southern part of the Russian Far East were included in the boundaries of the potential distribution area of tigers. We chose this cut-off value to allow some lower quality tiger habitat to be included in habitat patches to help identify linkages in the connectivity analysis, and to minimize type II error by predicting tiger habitat in areas where it was not. As roads negatively impacted tiger habitat in most models, all cells of the potential distribution map that overlapped with primary roads were removed. Potential tiger habitat patches were defined using the tool "Region-Group" of the program ArcGIS 9.2 (ESRI 2005). Each 1km×1km grid cell was grouped into a connected region assigning a unique number to each region in the GIS. Cells that were orthogonal or diagonal to each other were considered to be connected, collectively defining a tiger habitat patch. We then used these habitat patches in the next connectivity analysis.

Defining and Prioritizing Tiger Conservation Priority Areas within the Changbaishan Landscape

In a fragmented landscape, patches of quality habitat are surrounded by a matrix of low quality habitat. However, low quality habitat may still be suitable for tiger movement between suitable habitat patches. Previous studies of tiger and carnivore landscape connectivity have used a combination of habitat modeling, patch delineation, and connectivity analysis to define conservation landscapes and effective strategies for maintaining viable populations (Wikramanakye *et al.* 2004, Carroll and Miquelle 2006; Chetkiewicz and Boyce 2009). Therefore, we conducted a second analysis to determine how patches of tiger habitat from the previous step were connected to each other forming larger "Tiger Conservation Priority Areas."

Different approaches can be used to model the effect of habitat fragmentation on tiger movements, including distance based models, diffusion-like models, and those based on the random walk concept (see Johnson *et al.* 1992 and Schippers *et al.* 1996 for a review). In our case, tiger movements between quality patches were calculated using a least cost approach with the help of the CostDistance Tool from the GIS program ArcGis 9.2 (e.g. Wikramanayake *et al.* 2004; Zimmermann 2004; Janin *et al.* 2009). Cost distance models calculate not the actual Euclidian distance from one point to another, but determine the shortest "cost–distance" between cells by applying distance not in geographic units but in cost units. These cost-distance-functions require a cost-grid and a source-grid. A cost-grid or so called "friction map" assigns impedance in some uniform-unit measurement system that depicts the costs involved in moving through any particular cell. The value of each cell in the friction map is assumed to represent the cost-per-unit distance of passing through the cell, where a unit distance corresponds to the cell width. The source-grid, for example the range map resulting from a habitat suitability analysis, can contain single or multiple zones. All cells that have a value (including 0) are processed as source cells. All non-source cells need to be assigned "No Data" on the source-grid. The CostDistance function creates an output grid in which each cell is assigned the accumulative cost to the closest source cell. The accumulated cost surface enables us to define the management zones and (later) to identify the main potential connections between adjoining Tiger Conservation Priority Areas.

Creating the friction grid

We specified the relative resistance to tiger movement for each land cover and human use variable (roads and settlements) using values base on expert opinion (Table 4). The higher the friction value, the higher the resistance to movement. The spatial grain of our friction grid was set to 200m×200m. Four categories of settlements (based on population size) were used in developing the friction grid. Settlements were only available as a point shapefile in China so, to give them a spatial extent, villages were buffered with two concentric circles of 500 and 1000 meters radius and the three larger settlement types (cities I, II and III) with a buffers of 2, 3 and 5 km, respectively. All 200m×200m cells falling into the buffer around the cities I-III were considered as insurmountable barriers for tigers and their value was set to 1,000 points (very high resistance). A value of 400 and 100 was given to cells falling into the 0 to 500m and 500 to 1000m distances from villages, respectively.

Low-use roads in Russia were not included in the friction grid because they did not appear to have any impact on the quality of tiger habitat based on the ENFA and RSF models. Secondary roads in Russia were given a value of 130 and primary roads a value of 200. Because main roads in China are generally fenced and all road categories have a higher traffic level compared to RFE, values of 200 and 800 were given to secondary and primary roads, respectively. Land cover types commonly used by tigers (Miquelle *et al.* 2006) were given a friction value of 1 (Mixed Korean pine deciduous forests, pure deciduous forests), whereas coniferous forests and other natural vegetative types (less preferred) were given a value of 10. Human dominated lands were given a value of 100. In cases where variables were overlapping, the largest friction value was used.

Table 4. Friction values of the environmental variables based on expert opinion. Values ranging from 1 (easy to cross) to 1000 (impossible to cross). RFE = Russian Far East

Variables	Friction value
Land cover	
Mixed Korean pine deciduous forests	1
Pure deciduous forest	1
Coniferous forests and other natural	10
Human dominated landscapes	100
Settlements	
Distance of 500 m from villages	400
Distance of 500-1000 m from villages	100
City I (buffer width = 5 km)	1000
City II (buffer width = 3 km)	1000
City III (buffer width = 2 km)	1000
Roads	
Tertiary (low use) road	0
Secondary roads (RFE)	130
Primary roads RFE	200
Secondary roads China	200
Primary roads (national roads & highways) China	800

Delineation of Tiger Conservation Priority Areas

To determine which habitat patches were sufficiently connected to be considered part of a single tiger conservation priority area , we defined a threshold of the maximum accumulated costs for tigers moving between adjacent quality habitat patches. To do this we used knowledge of tiger movement in the southern Sikhote-Alin Mountain ecosystem to calibrate the model. In this ecosystem tigers move regularly between adjacent quality habitat patches and thus all patches can be considered to be connected to each other forming one single priority area except for Southwest Primorye (Henry *et al.* 2009). Knowing this, we set the threshold of the accumulative cost grid so that all quality habitat patches in the southern Russian ecosystem were connected to each other except for Southwest Primorski Krai. By applying the same threshold values to the Changbaishan landscape we could then define interconnected habitat patches, or Tiger Conservation Priority Areas. Cells were then grouped into a connected region using the tool Region Group of the program ArcGis. Cells that were orthogonal or diagonal to each other were considered to be connected. The resulting regions were then overlaid with the shapefile of the quality habitat patches in the GIS. All quality habitat patches that were thus interconnected were then grouped to form a priority area. Only priority area greater than 400 km^2 (approximately 1 female home range) and more were retained for prioritization.

Prioritization of Tiger Conservation Priority Areas

The following criteria were used to prioritize Tiger Conservation Priority Areas (TCPA): i) distance from the closest source population in the southern part of the Russian Far East (SW Primorye or Pogranichnyi region) calculated as the distance along the least cost path between the closest source and the respective TPA (the closer the better); ii) the potential number of tigers (see below); iii) fragmentation, calculated as the ratio of the perimeter to the area multiplied by 1000 (the lower the better); iv) presence of tiger given by the number of reports collected by the WCS China monitoring program, and government reports (collated by WWF) in each TPA; and v) level of isolation, ranked according to the number of linkages (based on least cost approach using the top nine TPAs as a source grid for a cost distance analyses and setting the threshold of the maximum accumulative costs to 309,261) with adjacent TPAs (the higher the better). For each criterion each management zone was ranked from 1 (good) to 5 (bad) according to its value for tiger recovery. Priority sites were defined as those having the lowest values of the sum of the ranks of all criteria.

Estimating Potential Numbers of Tigers in the Landscape

To predict the potential number of tigers that could occupy the Changbaishan region in China, we followed the method developed by Boyce and McDonald (1999) to link the RSF to population size. The theoretical details of the approach are summarized by Boyce and

McDonald (1999), and Johnson and Seip (2008).

We calculated the total number of tigers within each management zone (delineated above) by the averaged habitat model. First, we extrapolated the best Russian tiger RSF, ENFA, habitat model to the Changbaishan study area using ARCGIS 9.3.1 (ESRI Ltd, CA), predicting equation 1 for each 1km^2 pixel, i= 1....n. Then for all three models, we summed the total predicted habitat quality using equation 1 for each country (j) to summarize the predicted habitat in each country by each model. Given the estimate for the number of tigers (N) in the Russian portion of the study area from the 2005 winter track survey (Miquelle et al. 2006), we then calculated the total predicted habitat required for each tiger and extrapolated the potential numbers of tigers possible in each management zone (China only) using the following formula:

$$\frac{\sum_{Russia} \hat{w}(x)_i}{N_{Russia}} = \frac{\sum_{China} \hat{w}(x)_i}{N_{China}} \qquad \text{(equation 3)}$$

Where $\sum_j \hat{w}(x)_i$ is the summed predicted habitat probability for each country j, and N is the tiger population estimate for Russia (known) and for China (solved by rearranging equation 3). We repeated this process for each of the three habitat models.

It is important to acknowledge the assumptions of this approach which include a) the right variables have been measured, b) similar selection patterns will exist for spatial variables in both Russia and China, c) there is a similar landscape configuration of available spatial variables, and d) there exist similar relationships between population parameters and available habitat. In part, our comparison of the Russian models with and without ungulate abundance was designed to test assumption "a" above. Although the results should be used with caution, previous efforts using this RSF-population method have been successful (Mladenoff *et al.* 1999, Boyce and Waller 2003, Cianniello *et al.* 2007), and results will at least offer a general goal to aim for in tiger recovery.

RESULTS

Results of the ENFA

By applying the ENFA method to the calibration sets, we obtained an overall marginality M of 0.73. This confirmed that the availability of potential tiger habitat in the Changbaishan region differed from the average condition in the Russian Far East. An overall tolerance value T (T = 1/specialization) of 0.68 indicated that tigers were not exclusively habitat specialists, and exhibited tolerance towards deviation from optimal tiger habitat. According to the Mac Arthur Broken-Stick rule, three factors (M, S1–2; Table 5) were retained, accounting for 54.2% of the total specialization. The specialization was high on the two first axes (eigenvalue of 8.5 and 7.7, respectively); which means that habitat which was used was 8.5 and 7.7 times (respectively) more narrowly defined than what was available, and to a lesser extent on the remaining axes (eigenvalue of 3.4). The marginality factor alone accounted for 100% of the marginality and for 23.43% of the total specialization.

Using the marginality axis we identified the preferred habitat of tigers as including a higher mean slope, a larger pure deciduous forests frequency, a greater distance from villages and large cities, a lower frequency of human dominated landscapes, and a lower density of primary and secondary roads than what was available on average in the Russian study area (Table 5). The second factor (21.3% of the total specialization explained), and the third (9.5%) accounted for more specialization. Tigers demonstrated strong specialization on mean net primary productivity (the higher the better), an aversion to primary roads on the second and third specialization axes, and, to a lesser extent, selected for areas with a higher frequency of deciduous forests on the third specialization factor (Table 5).

Table 5. Seventeen predictors retained in the habitat suitability model derived from the ENFA analyses. The 2km×2km cells (n=441) containing at least one tiger track collected during the simultaneous survey in Russia in winter 2005 were used to generate and validate the models. EP = Environmental predictor, factors: M = Marginality, S1 and S2 = Specialization. The scores of marginality are sorted in a decreasing order.

EGV	***M***[a]	***S1***[b]	***S2***[b]
	23.4%	*21.3%*	*9.5%*
Mean slope	++++	0	***
Pure deciduous forests frequency	+++	*	****
Distance to villages	+++	0	0
Distance to cities	+++	**	*
Snowcover sd	++	0	0
Mixed Korean pine -deciduous forests frequency.	++	*	**
Mean net primary productivity	++	********	*****
Coniferous forests and other natural frequency	+	0	*
Mean density of low-use roads	0	0	*
Mean aspect	0	0	0
Mean snow cover	-	**	0
Aspect sd	-	0	0
Net primary productivity sd	--	0	0
Mean hillshade	--	0	0
Mean density of secondary roads	---	*	0
Mean density of primary roads	---	*****	*******
Human dominated landscapes freq.	----	*	0

aPositive values (+) indicate that tigers were found in locations with higher than average cell values. Negative values (-) indicate that tigers were found in locations with lower than average cell values. The greater the number of symbols, the higher the correlation; 0 indicates a very weak correlation.
bAny number > 0 means the species was found occupying a narrower range of values than available. The greater the number of symbols, the narrower the range; 0 indicates a very low specialization.

The habitat suitability map based on the harmonic mean algorithm was computed using the species distribution derived from these factors. The mean AVI (SD) was equal to 0.49 (0.08). The CVI (SD), which indicates to what extent a suitability map differs from a purely random model was equal to 0.2 (0.08). The mean Boyce index (B4: 4-bins) which provides a more continuous assessment of model predictive power was quite high (0.82 ± 0.24), but the large standard deviation is an indicator of moderate robustness.

The habitat model was then interpolated / extrapolated over the whole Changbaishan planning area (Fig. 6 a, b).

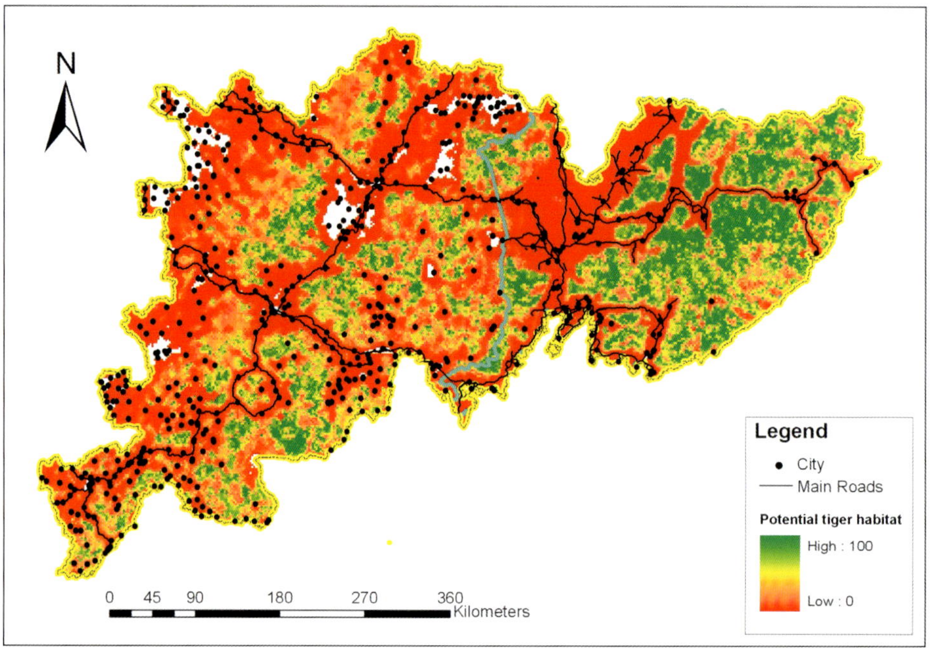

Figure 6 a. Potential tiger habitat predicted by the ENFA model in the Changbaishan landscape in Northeast China and the southern Russian Far East. Only the direct and interpolated cells are shown.

All habitat suitability (HS) values of the 2km×2km cells in the interpolation/extrapolation area (Changbaishan Landscape) were within the range of the factor values in the calibration area ± 10% and could therefore be computed. The comparison between the map including all HS cells (direct, interpolated and extrapolated cells; Fig. 6 b) with those including direct and interpolated cells only (Fig. 6 a) revealed that all 1,802 extrapolated cells (3.2% of the extent of the modeled area) were located in highly human dominated landscape and; as expected, their HS values are all equal to zero. While extrapolation should generally be avoided, in our case all extrapolated cells were located outside tiger habitat and therefore have HS values of zero. We can therefore be confident with the prediction of the model outside of the original factor range.

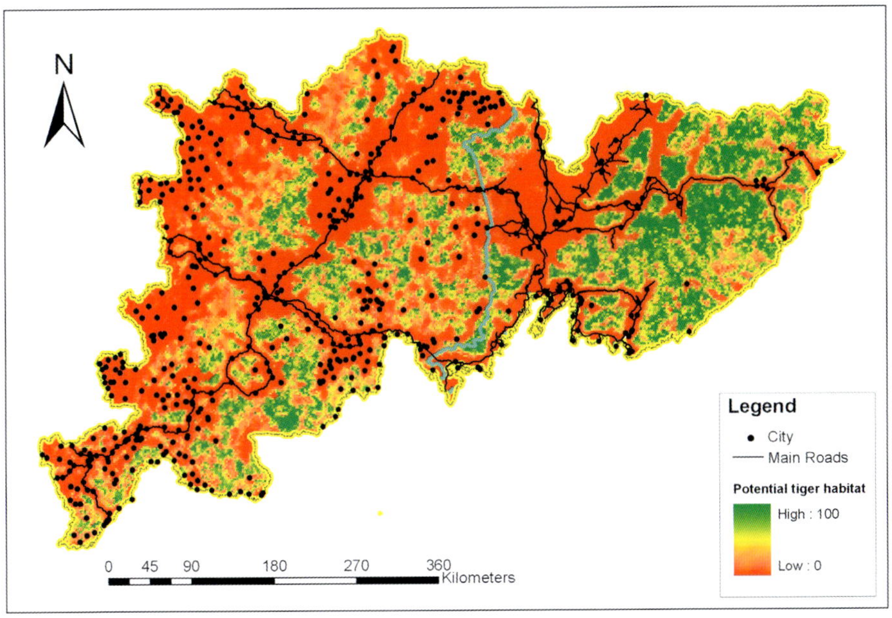

Figure 6 b. Potential tiger habitat predicted by the ENFA model in the Changbaishan landscape in Northeast China and the southern Russian Far East. All cells are shown (direct, interpolated and extrapolated).

Results of Resource Selection Function Analysis

There were 471 sampling units surveyed in the southern portion of the Russian Far East within the study area during the track survey in winter 2004/2005 (Fig. 1). In total, there were tiger tracks detected in 198 of the 471 units for an average prevalence across the landscape of 0.42, which corresponds to the optimal cut point probability for the final RSF model (see below). Some of the distance-to-road variables were too collinear with distance to cities and villages for inclusion in RSF modeling, including the density (or distance) of primary and secondary roads against the density of villages (r = 0.59) and the density of primary roads and density of cities (r=0.59). Because the density (or distance) of low-use roads was not strongly related to tiger presence, we retained density to cities and density to villages as anthropogenic variables. Elevation and slope were similarly too highly correlated (r=0.55) to include together. While elevation and snow cover were correlated (r=0.44), they were below the recommended cutoff of 0.5 (Menard 2002), so we chose to include them in part because of the aforementioned potential bias in sampling to avoid high elevation areas assumed to have deep snow. Including percent snow (which is correlated with snow depth) helped improve predictions at upper elevations because of the non-linear relationship of tiger selection for elevation.

Univariate relationships between most of the retained variables and the probability of tiger selection are shown in Figure 7. Tigers selected areas with low densities of cities and villages, intermediate net primary productivity, intermediate elevations, and avoided areas with high snowfall (figure not shown, but see Table 6). The final model showed that tiger resource selection was a function of all land cover types, snow cover, elevation, net primary productivity, and the densities of villages and towns. Tigers selected areas with low densities of towns and villages, at lower elevations with reduced cover in winter, and in intermediate areas of net primary productivity (Table 6). In terms of land cover, tigers preferred Korean pine, then coniferous and other natural land cover types, and avoided deciduous and human dominated ecosystems about the same amount. The apparent avoidance of areas of deciduous forests was because these land cover types were confounded especially with areas of intermediate net primary productivity. Thus, in the multivariate sense, the coefficient for deciduous forests is the effect controlling for intermediate net primary productivity (and not a reflection that tigers actually avoided deciduous forests).

RSF-Environmental Parameters Model. The overall model was significant (Likelihood-ratio $\chi2 = 51.5$, $p = 0.0001$) and demonstrated good model fit Hosmer and Lemeshow goodness of fit test, $\chi2 = 4.45$, $p = 0.77$, failed to reject the hypothesis of poor fit). However, the model had only poor to average discriminatory ability at predicting tiger habitat as measured by mediocre ROC, pseudo-R^2, and the k-folds cross-validation procedure (Table 6). ROC scores between 0.7 - 0.8 are indicative of adequate discriminatory ability, and this was confirmed by the similarly adequate k-folds spearman rank correlation of 0.712. Regardless, these diagnostics, while confirming this model wasn't excellent (see next section) provided a useful model for extrapolating predicted tiger habitat to the Changbaishan region (see Figure 8). The optimal cutpoint probability for discriminating habitat from non-habitat was 0.42, but using this, only 69% of survey units were correctly classified.

Table 6. Amur tiger resource selection function model diagnostics and covariate structure for the best spatial covariate model ('habitat') and best habitat + ungulate RSF model, Russian far east portion of the Changbaishan landscape, winter 2004/2005. The top habitat and ungulate models are compared using AIC, ROC, pseudo-R^2, and k-folds spearman rank correlations. Top model covariates, standard errors and p-values (** $p<0.05$, * $0.05<p<0.10$).

	AIC	**ROC**	**Pseudo-R^2**	**k-folds**
Habitat Model	594.7	0.71	0.12	0.712
Ungulate Model	531.8	0.89	0.25	0.881

	Habitat model		**Ungulate model**	
Covariate	β_x	**SE**	β_x	**SE**
β_0 (Intercept)[1]	-8.55	4.903*	-2.99	0.012**
Korean Pine	1.78	0.722**	1.51	0.760**
Deciduous	-9.00	4.223**	-2.54	6.164**
Conifer/Natural	1.15	0.532**	0.92	0.556
Snow (%)	-2.17	0.888**	----	----
NPP (kg/ha)	0.00267	0.00145*	0.0003	0.00018*
NPP^2 – Quadratic of NPP	-1.66E-07	1.01E-07*	----	----
Elevation (m)	-0.0014	0.00079*	-0.0010	0.00073
Density of villages/km^2	-64.31	27.431**	----	----
Density of cities/km^2	-264.63	100.300**	-225.92	108.82**
Red Deer (# tracks)	----	----	0.177	0.0514**
Sika Deer (# tracks)	----	----	0.117	0.0339**
Wild Boar (# tracks)	----	----	0.154	0.0550**

Notes: 1- the intercept is interpreted as the reference land cover category, human dominated areas holding the effects of all other covariates constant.

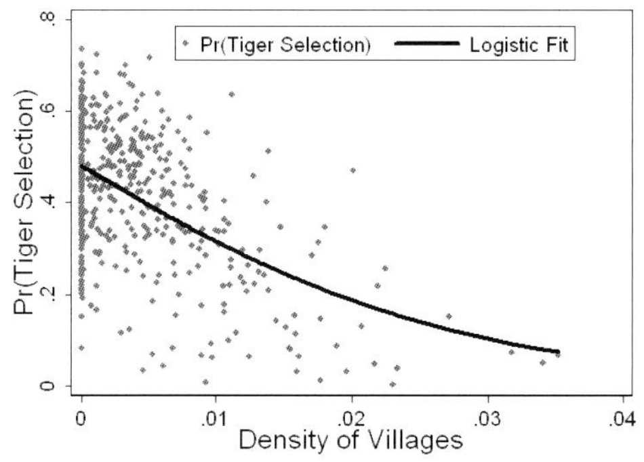

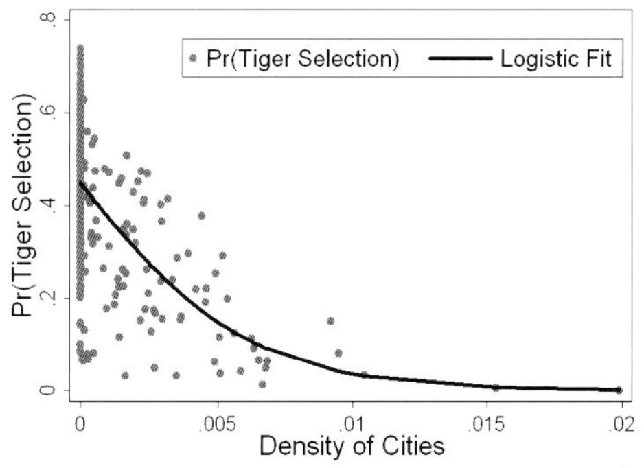

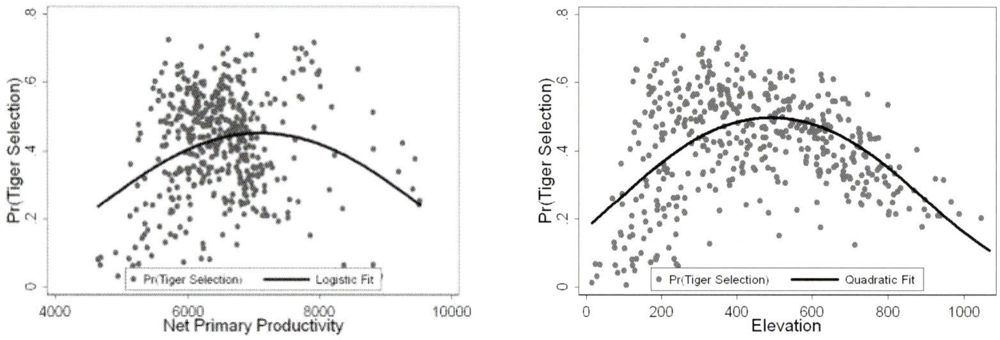

Figure 7. Relationships between continuous spatial variables and the probability of tiger presence from Resource Selection Function Modeling for tigers in the southern portion of the Russian Far East, winter 2005. Resource selection was assessed at the sample unit scale (135km^2), and the best linear or quadratic ($X + X^2$) fitting predictions from the logistic regression model from Equation 1 are shown against observed sample-unit scale predictions (Pr(tiger selection)).

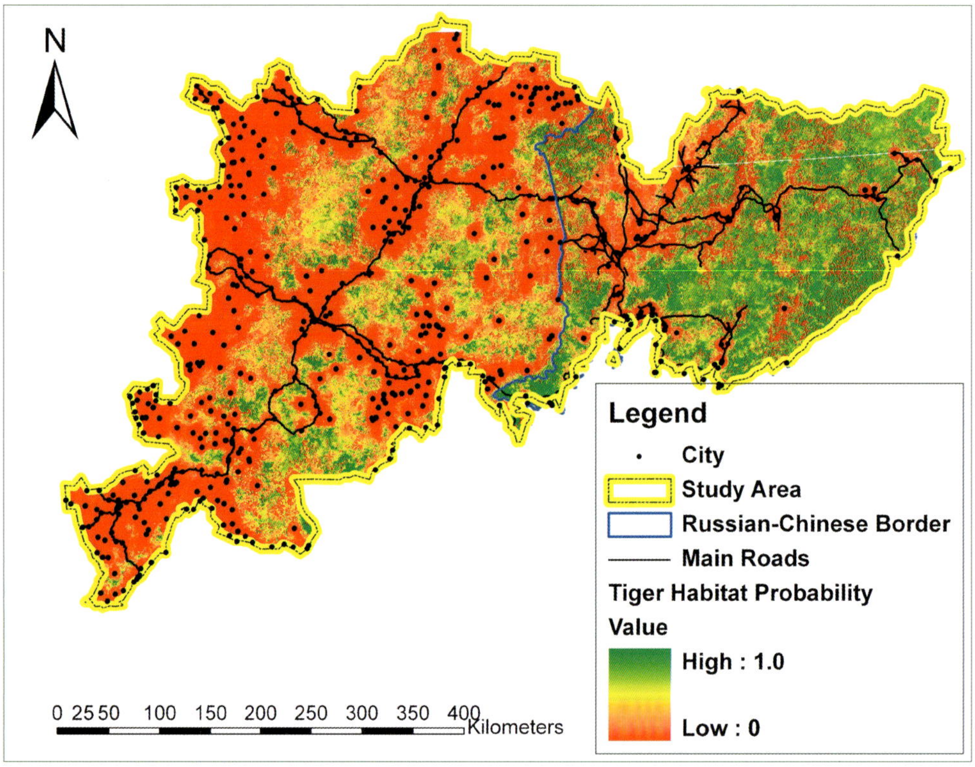

Figure 8. Predicted habitat for the Amur Tiger from a resource selection function (RSF) model that does not include ungulate density in the Changbaishan landscape in Northeast China and the southern Russian Far East. Major cities (>50,000) and major roads are shown.

Comparison of Russian RSF Models with and without Ungulate Densities. Variables in the models that included ungulate densities had similar univariate relationships with tiger selection as shown above, but there were strong univariate selection responses by tigers for areas with higher track counts of all three ungulate species, and for areas closer to protected areas (Fig. 9). When we combined the 'habitat-only' RSF model with spatial covariates of ungulate density, several previously significant variables in the habitat-only model dropped out following stepwise model selection (Table 6). Introducing ungulate density variables appeared to be confounded with the intermediate ranges of NPP because of the correlation between ungulate densities and areas of intermediate primary productivity (Hebblewhite, unpublished data). Similarly, because of the avoidance of high snow by ungulates, snow cover was dropped in the best ungulate covariate model. Tigers still selected Korean pine and conifer/natural forests over deciduous and human-dominated systems, and strongly avoided human cities – but not villages, probably because of the negative correlation between density of villages and ungulate densities in the Russian study area (e.g., for red deer, $r = 0.65$).

The overall model that included ungulates was significant (Likelihood-ratio ratio χ^2=125.5, $p < 0.00005$) and demonstrated good model fit Hosmer and Lemeshow goodness of fit test, $\chi^2 = 8.45$,, $p = 0.35$), and had better explanatory power, discriminatory power, predictive capacity than the environment covariate-only model. Moreover, in a model selection-sense, the ungulate habitat model was over 10,000 times more likely to be a better model compared to the habitat-only model (ratio of Akaike weights of the two models). Clearly, knowledge of ungulate distribution and relative abundance improved the ability of the model to predict tiger habitat. The ungulate model had superior discriminatory ability at predicting tiger habitat as measured by an average ROC, pseudo-R^2, and the k-folds cross-validation procedure (Table 6). ROC scores between 0.8 - 0.98 are indicative of excellent discriminatory ability, echoed with the very high k-folds spearman rank correlation of 0.881. The optimal cutpoint probability for discriminating habitat from non-habitat was still 0.42, and this model provided a higher classification success for survey units of 72%.

Obviously, without similar data on ungulate abundance in the Changbaishan region, spatially refined predictions using such a model are not possible. But to test what the effect of these ungulate covariates might be for extrapolation to China, we compared the predicted distribution of tiger habitat probabilities in the Russian portion of the study area with the environment and ungulate models (Fig. 10 a). This comparison shows that without taking into account ungulate densities, the environment-only model tends to overpredict the amount of 'higher-quality' habitat available for tigers compared to the ungulate model. Figure 10 b shows the consequences of this overprediction: a poor Spearman rank correlation between the frequency of tigers and higher ranked categories of tiger habitat (habitat model Spearman rank correlation, rs = 0.71, ungulate model rs = 0.88). Therefore, even on the Russian side of the border, environmental covariates were not adequate spatial surrogates for ungulate data, and did not adequately capture the determinants of ungulate distribution and abundance, resulting in an optimistic prediction of the amount of high quality tiger habitat available. We would expect results or our extrapolation to the Changbaishan landscape to have a similar bias.

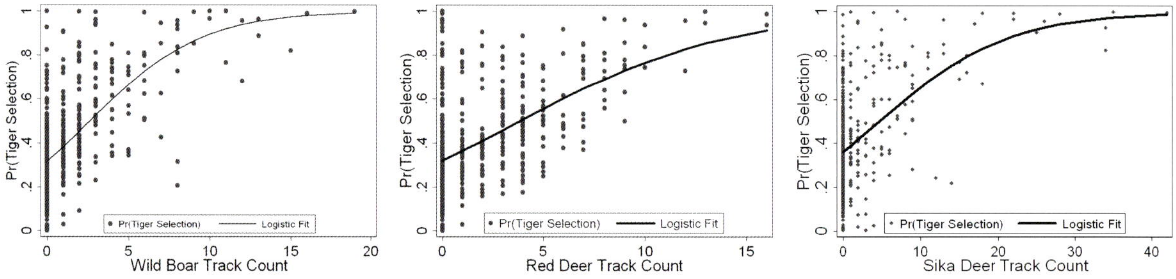

Figure 9. Relationships between the probability of tiger selection and ungulate track counts for red deer, sika deer, and wild boar from resource selection function modeling for tigers in the Russian Far East, winter 2005. Resource selection was assessed at the sample unit scale (135km^2), and the best linear predictions from the logistic regression model from Equation 1 are shown against observed sample-unit scale predictions (Pr(tiger selection)).

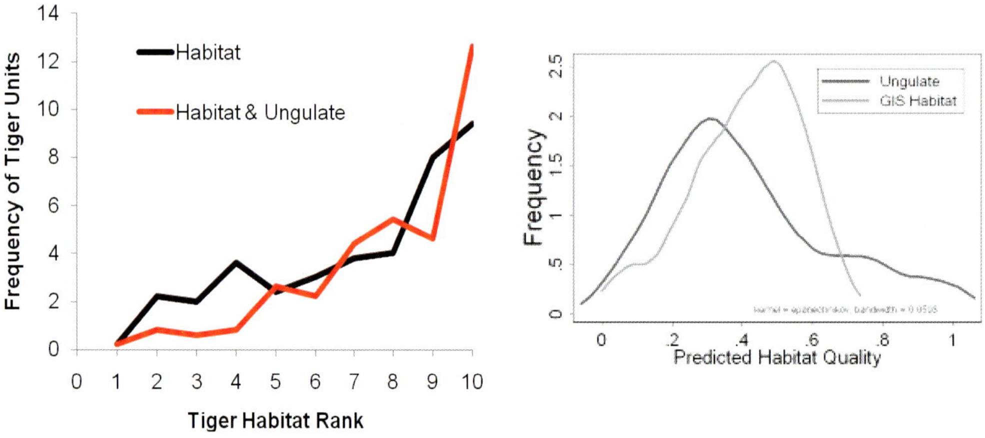

Figure 10. Comparison of predictions of the environmental spatial covariates-only RSF model (GIS Habitat) and the same RSF model with covariates of relative density of the top three prey species for Amur tigers in the southern portion of their range in the Russian Far East. In figure a) the distribution of predicted habitat quality from both models are shown and in b) the observed frequency of the number of tiger observations (sample units) that occurred in each ranked decile-bin of predictions between the two models.

Results of the Expert Model

We developed cost allocation maps for each of the five variables (Fig. 11).

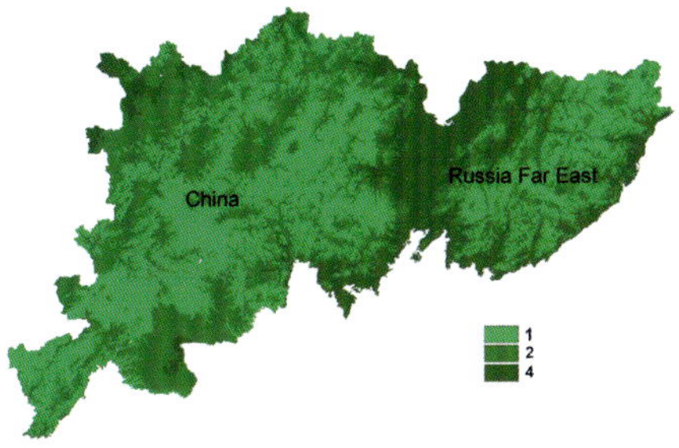

Cost allocation for elevation

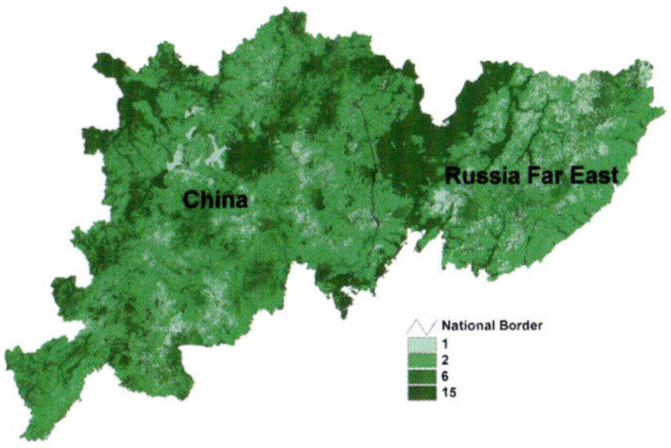

Cost allocation for land cover

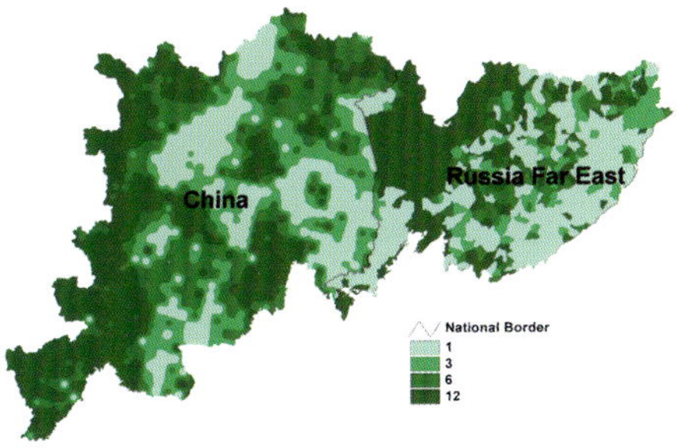

Cost allocation for ungulate density

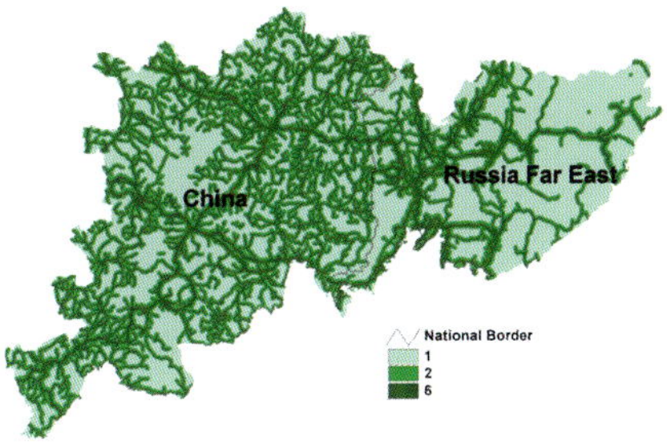

Cost allocation for proximity to roads

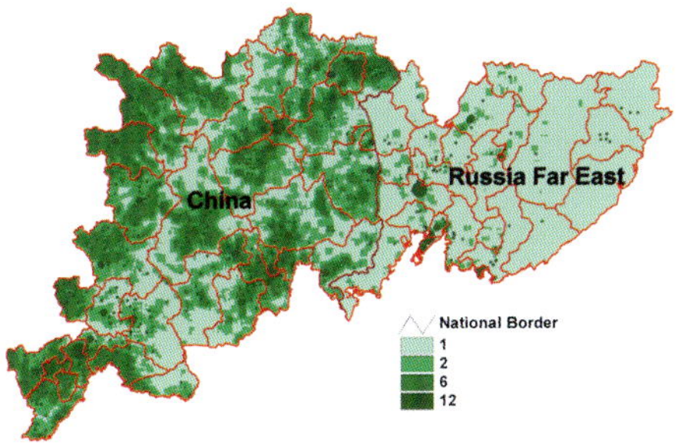

Cost allocation for settlement impacts

Figure 11. Cost allocation maps of five variables used in expert model Lighter colors indicate lower cost while darker colors indicate higher costs.

We then summed values of all layers to develop an assessment of potential tiger habitat, with scores of each grid ranging from 5-49 (Fig. 12).

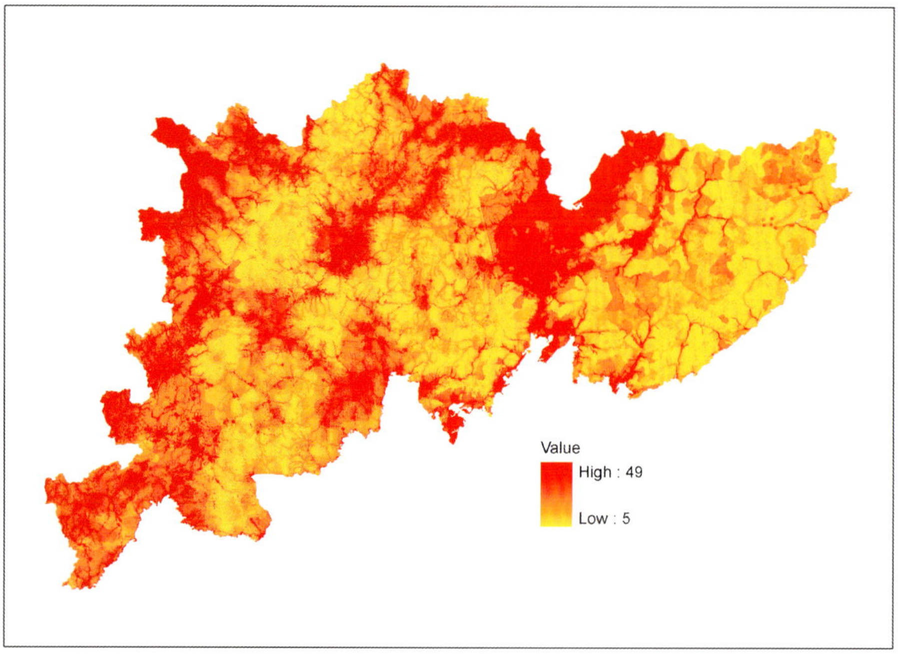

Figure 12. Potential tiger habitat, as predicted by the expert model with inclusion of data on prey densities. The lower the value (lighter the color) the better the habitat potential.

After summing values for each grid (which ranged from 5 to 49), we created categories based on each summed score to represent 4 levels of quality for potential tiger habitat as follows: best potential habitat (5-10), good potential habitat (11-16), poor potential habitat (17-25) and unsuitable habitat (26-49). These categories provide a clearer picture of where potential tiger habitat may exist in the Changbaishan landscape (Fig. 13).

The results of the second analysis excluding prey density (elevation, land cover, proximity to roads and settlements impacts) resulted in values of grids ranging from 4-37, which were rescaled between 0-100 (see Chapter "Model Averaging and Comparison of the Three Modeling Approaches", p. 34). The area of potential habitat actually enlarged, with the southwest part of the planning area in particular showing up as having more suitable potential habitat (Fig. 14).

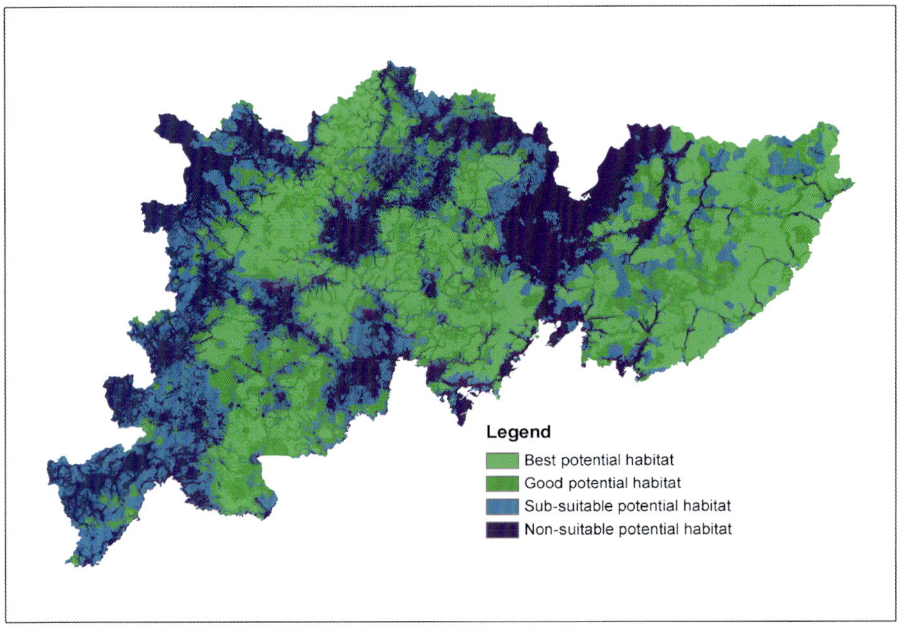

Figure 13. Potential tiger habitat from the expert model broken in 4 categories (including data on prey densities).

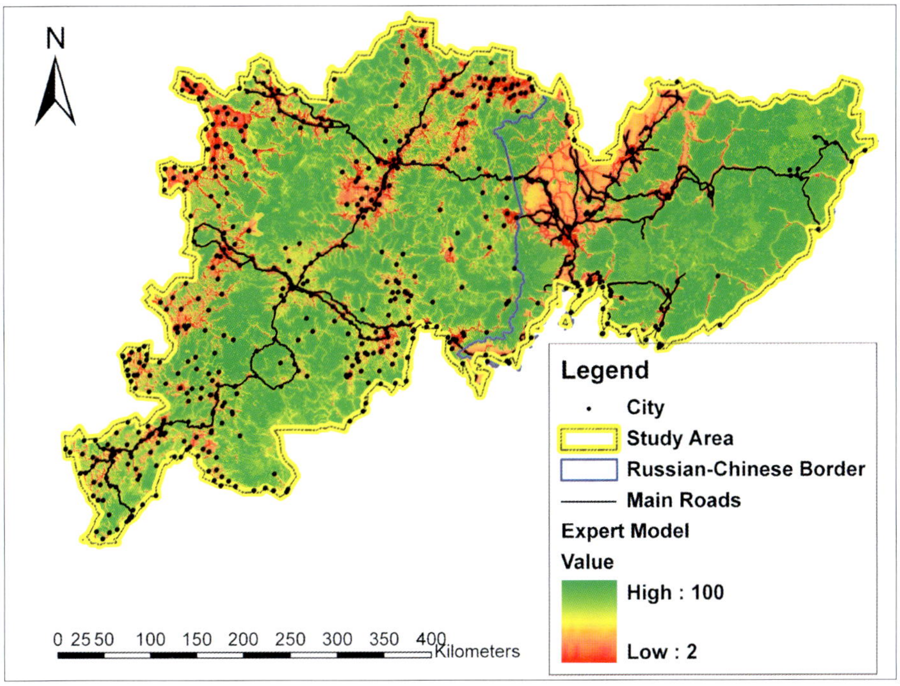

Figure 14. Potential tiger habitat, as predicted by the expert model excluding data on prey densities. The higher the value (towards color green) the better the habitat potential.

Using the same principles as above, we reclassified the results into four levels of potential habitat as follows: best potential habitat (4-7), good potential habitat (8-12), poor potential habitat (13-20) and unsuitable habitat (21-37) (Fig. 15).

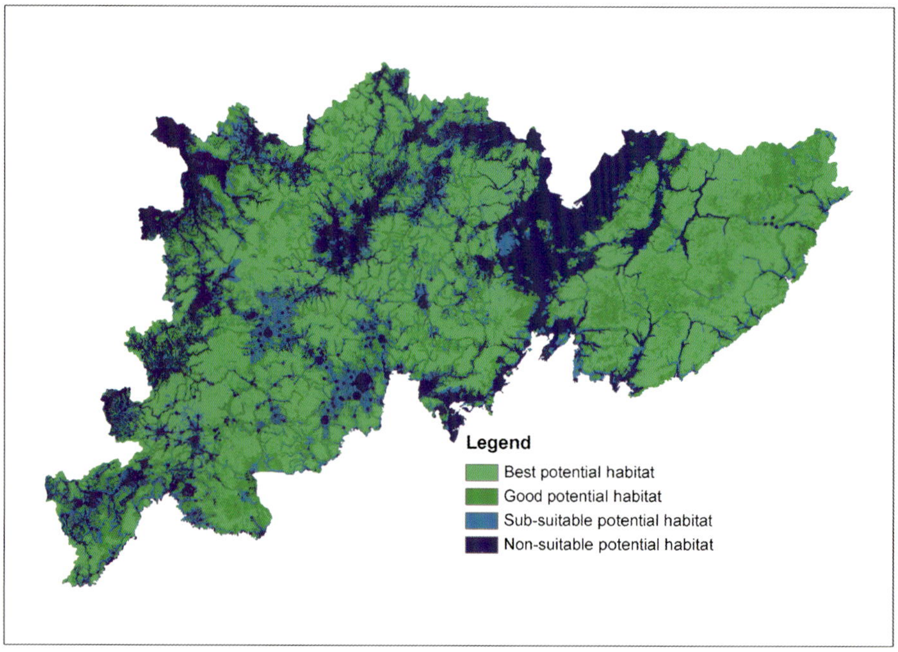

Figure 15. Potential tiger habitat from the expert model broken in 4 categories, excluding data on prey densities.

Model Averaging and Comparison of the 3 Modeling Approaches

The averaged habitat quality (Fig. 16) was calculated by averaging all three habitat models (ENFA, RSF and Expert excluding preys). A map of the coefficient of variation (SD/mean *100%) of the three different tiger models is shown in Figure 17, showing where the three models differ and where they concur. Areas shown in white (with high coefficients of variation) indicate areas where the three models deviate most from each other in defining poor quality tiger habitat and are observed in the human-dominated landscapes. Areas in black with low coefficients of variation) indicate areas where the three models coincide in defining high quality habitat.

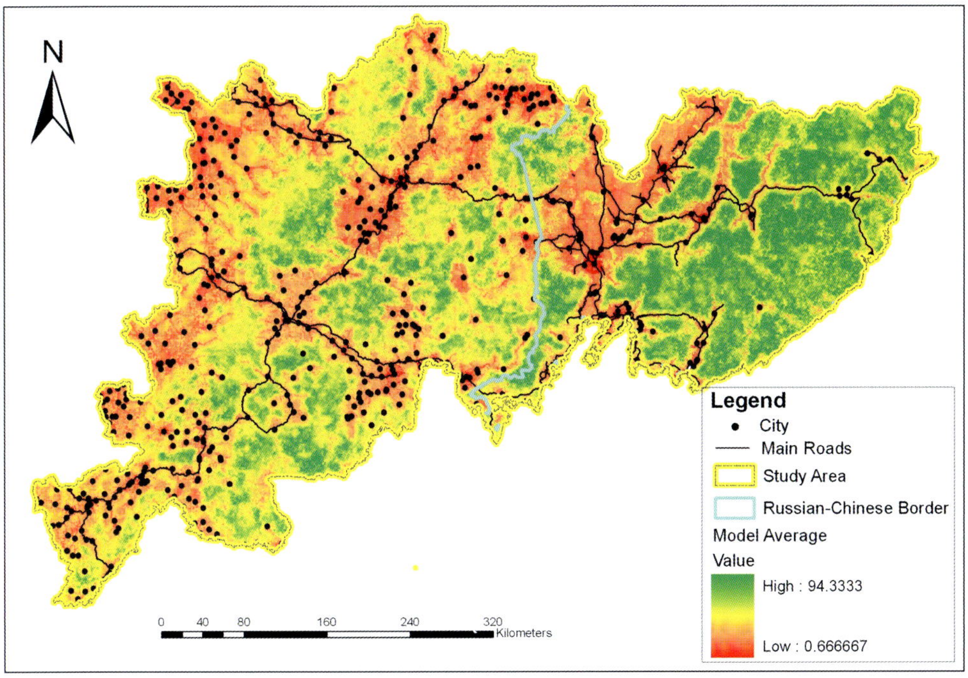

Figure 16. Model-averaged Amur tiger habitat for the Changbaishan-and Russian Far East study areas. Results of the RSF, ENFA and Expert Model were averaged to represent the best estimate of predicted tiger habitat quality.

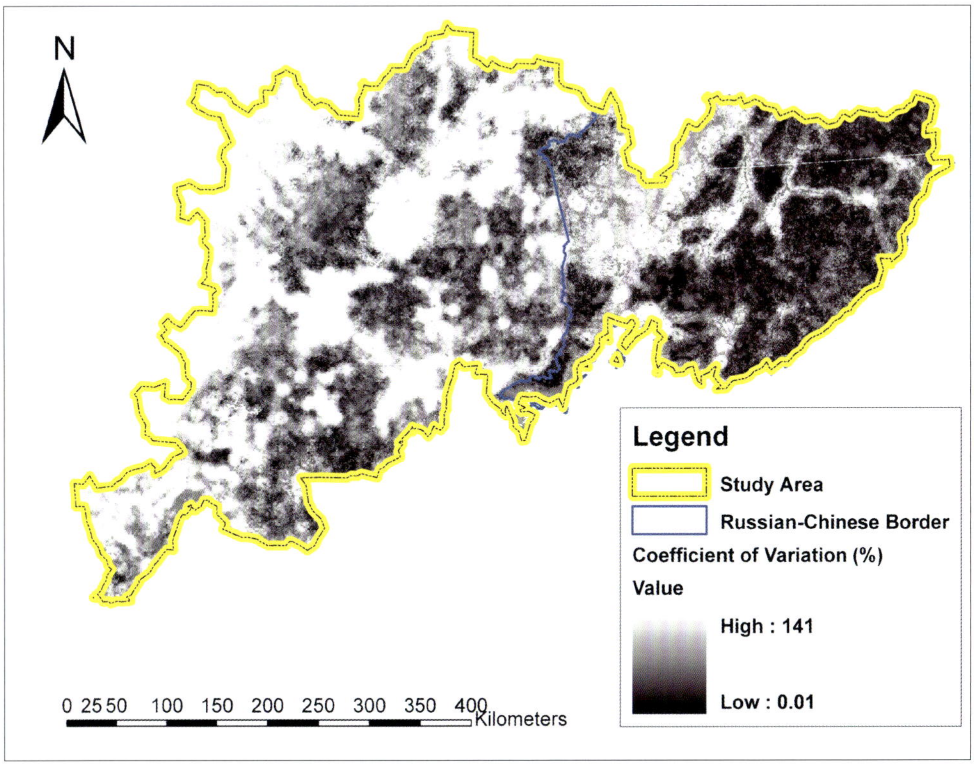

Figure 17. Comparison of the three models (RSF, ENFA, and expert model) indicating where their results deviate (areas in white - high coefficient of variation) and concur (areas in black - low coefficient of variation).

Overall, the three models were reasonably, but not highly, correlated with each other. The pair-wise correlation coefficients between the ENFA and RSF model was r = 0.49; the ENFA and Expert model, r = 0.52; and the RSF and the Expert model, r = 0.38. These relatively low correlation coefficients confirm the importance of adopting a model averaging approach for mapping potential tiger habitat, and the need for independent validation data for resident tigers in China to test these models.

In addition, comparison of the linear regressions between the ENFA and RSF, and the ENFA and Expert models shows us two additional pieces of information about the 3 models. First, all models show similar correlations as habitat quality improves (Figure 18). However, Figure 18 confirms that relative to the RSF and ENFA, models which were calibrated against known tiger occurrence in Russia, the Expert model tends to predict higher habitat quality than the RSF or ENFA models. This is likely because of the calibration of the ENFA and RSF in Russia, and because the expert modeling procedure did not have any tiger occurrence data in China to use for calibration. Nonetheless, while the RSF model is the most conservative, and the Expert model the most liberal in defining tiger habitat, all three show relatively strong correlations in identifying relative values of landscapes (Figure 18), a strong indication that model averaging is an appropriate approach.

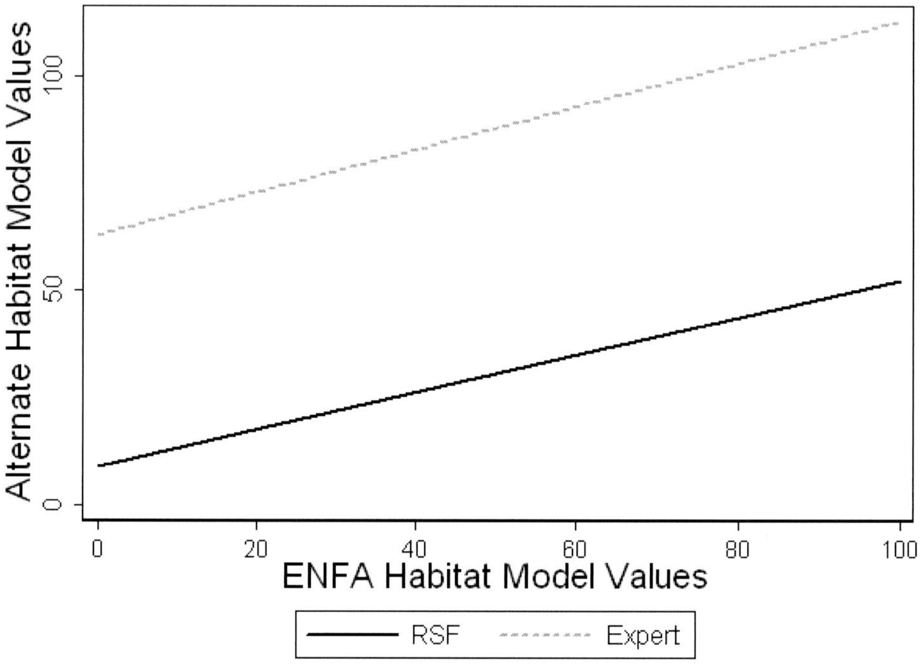

Figure 18. Comparison of the three habitat models showing the predicted linear regression between

the Expert and RSF model against the ENFA model. The parallel slopes of the RSF and Expert models confirm that both models are predicting the same relationships to the ENFA, but the higher values of the expert model show that it is predicting more high quality habitat than the Russian-calibrated RSF and ENFA models, supporting the interpretation that the Expert Model may be overly optimistic.

Defining Tiger Conservation Priority Areas

Nine Tiger Conservation Priority Areas (TPA) identified from the cost-distance analyses remained in the Changbaishan landscape after zones smaller than 400 km^2 were removed (Table 7; Fig. 19). Two of them, Hunchun-Wangqing (TPA 1) and Muling (TPA 4; Table 7; Fig. 19) are shared with Russia: 78.7 and 40% of their area is located in China, respectively. Changbaishan (TPA 2; Table 7; Fig. 19) is shared with DPR Korea but potential habitat in DPR Korean could not be assessed because several key predictor variables were not available from that country. The area of the TPAs in China covers 22.4% of the whole Changbaishan planning area (149,383 km^2). The size of the TPAs ranged form 440 to 14,230 km^2. The TPAs are located primarily in the mountainous regions of the planning area. They all have a higher mean elevation compared to the overall planning area (Mean = 562m; range:-6 – 2666m) except Muling (Mean = 490; TPA 4 in Table 7). Hunchun-Wangqing, Changbaishan, South Zhangguangcailing and Muling encompass important protected areas (Table 7; Fig. 19). The percentage of the TPAs that is protected ranges from 13.4% (Changbaishan) to 4.7% (South Zhangguangcailing). All TPAs have low village densities (range: 0-0.35 villages per 100 km^2) compared to the overall planning area (4.3 villages per 100 km^2). An exception is Baishan Tanghua - Ji'an (TPA 7; Table 7; Fig 19) where village density (4.05 villages per 100 km^2) is approximately the same as the overall area mean. Generally secondary road density is also much lower in TPAs than in the overall Changbaishan landscape (overall mean = 15.5 km/100 km^2) with values in TPAs ranging between 2.3-6.8 km/100 km^2 except for Northern Zhangguangcailing (TPA 6) and Jingyu-Jiangyuan (TPA 9), which have values of 10.5 and 17 km/100 km^2, respectively.

Cost Distance Analysis to identify Linkages between Tiger Conservation Priority Areas

Using the nine largest TPAs as a source grid for a cost distance analyses we identified 12 potential linkages (green lines labeled from A-L in Fig. 20, Table 8) between adjacent TPAs.

Their lengths ranged between 1 – 68 km and accumulative costs ranged from 52,740 to 309,261. Hunchun-Wangqing (TPA 1), the largest TPA, is connected to three adjacent TPAs: South Zhangguangcailing, Muling and Changbaishan. To the west, it is connected to South Zhangguangcailing (TPA3) by a 2 km long connection (A) passing by Jingpo Lake with accumulated costs of 161,883. To the north, around 45 km from the Russian border, an 11 km long linkage (B) with a cost of 62,306 provides connectivity to Muling (TPA 4, Fig. 20). The second longest connection (C) is 64 km long with accumulated costs of 309,131 to connect TPA 1 to Changbaishan (TPA 2). Linkage C is located eastwards to Yanji running parallel to the border with North Korea. There may in fact, be a least costly linkage via DPR Korea, but that analysis must await sufficient data. Linkage D connects Southern Zhangguangcailing (TPA 3) with Northern Zhangguangcailing (TPA 6). It is located 36 km west of Dunhua and is 10.6 km long with a total cost of 228,474. Linkage E is 18 km long with costs of 240,410 and connects Southern Zhangguangcailing (TPA 3) with Huadian (TPA 5). Linkages F, H, and J are 9, 1, and 15 km long, and connect Changbaishan (TPA 2) with Huadian (TPA 5), Lushui-Dongjiang (TPA 8), and Jingyu-Jiangyuan (TPA 9), respectively. They have similar costs ranging between 161,000 and 185,865. Two more linkages G and I (3 km and 13 km long, respectively) connect Huadian (TPA 5) with Lushui-Dongjiang (TPA 8) and Jingyu-Jiangyuan (TPA 9) with costs of 162,897 and 52,740, respectively. Linkage K, which connects Baishan Tanghua - J'ian (TPA 7) with Changbaishan (TPA 2), is the longest (68 km) and most costly (309,261) of all linkages. Another 39-km long linkage (L) with a cost of 292,631 joins Baishan Tanghua - J'ian (TPA 7) with Jingyu-Jiangyuan (TPA 9).

Table 7. Description of the top 9 largest Tiger Conservation Priority Areas identified by cost distance analyses. Only relevant protected areas (i.e., those that could contribute to protection of tigers, according to expert judgment), were included in calculating the % of the conservation units that are protected.

TPA #	Tiger Conservation Priority Area	Area [km^2]	Elevation (mean and range) [m]	Percent of TPA protected	Village Density (#/100 km^2)	Secondary Roads Density (km/100 km^2)
1	Hunchun-Wangqing -Dongning-Shuiyang[1]	14,239	**589** (3 – 1475)	12.8	0.24	6.2
2	Changbaishan	8,420	**957** (181 – 2028)	13.4	0.32	6.8
3	Southern Zhangguangcailing	5,373	**741** (266-1608)	4.7	0.35	6.3
4	Muling[1]	3,231	**490** (90-1041)	7.8	0.09	6.1
5	Huadian	2,686	**672** (305-1220)	0	0.22	2.3
6	Northern Zhangguangcailing	2,626	**626** (184-1361)	0	0.34	10.5
7	Baishan Tanghua - Ji'an	864	**736** (201-1482)	0	4.05	4.8
8	Lushui-Dongjiang	632	**666** (434-1268)	0	0.31	3.5
9	Jingyu-Jiangyuan	440	**848** (503-1304)	0	0	17.0

[1]Part of the management zone is located in Russia

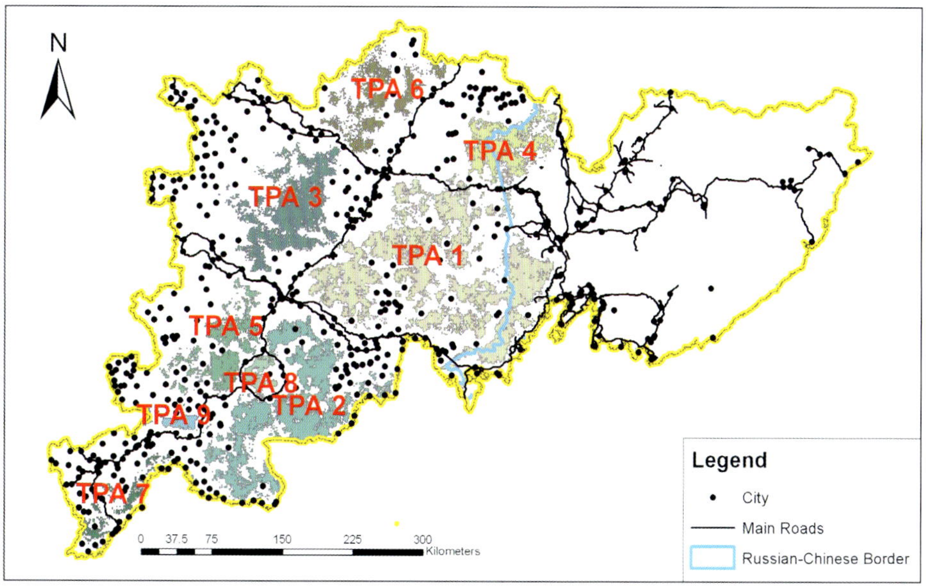

Figure 19. The nine largest Tiger Conservation Priority Areas (TPA) identified by the least-cost pathway analysis in the Changbaishan landscape: Hunchun-Wangqing (TPA 1), Changbaishan (TPA 2), Southern Zhangguangcailing (TPA 3), Muling (TPA 4), Huadian (TPA 5), Northern Zhangguangcailing (TPA 6), Baishan Tanghua - Ji'an (TPA 7), Lushui-Dongjiang (TPA 8) and Jingyu-Jiangyuan (TPA 9). See Table 7 for detailed descriptions.

Table 8. Characteristics of 12 potential primary linkages connecting Tiger Conservation Priority Areas in the Changbaishan landscape, listed the shortest to the longest connecting distance. Name (letter) identifies each linkage in Fig. 17. Accumulative costs units are a relative value.

Name	Linkage	Length [km]	Accumulative costs
H	TPA 2-8	1	161,000
A	TPA 1-3	2	161,883
G	TPA 5-8	3	162,897
F	TPA 2-5	9	168,580
B	TPA 1-4	11	62,307
D	TPA 3-6	11	228,474
I	TPA 5-9	13	52,740
J	TPA 2-9	15	185,865
E	TPA 3-5	18	240,411
L	TPA 7-9	39	292,631
C	TPA 1-2	64	309,132
K	TPA 2-7	68	309,261

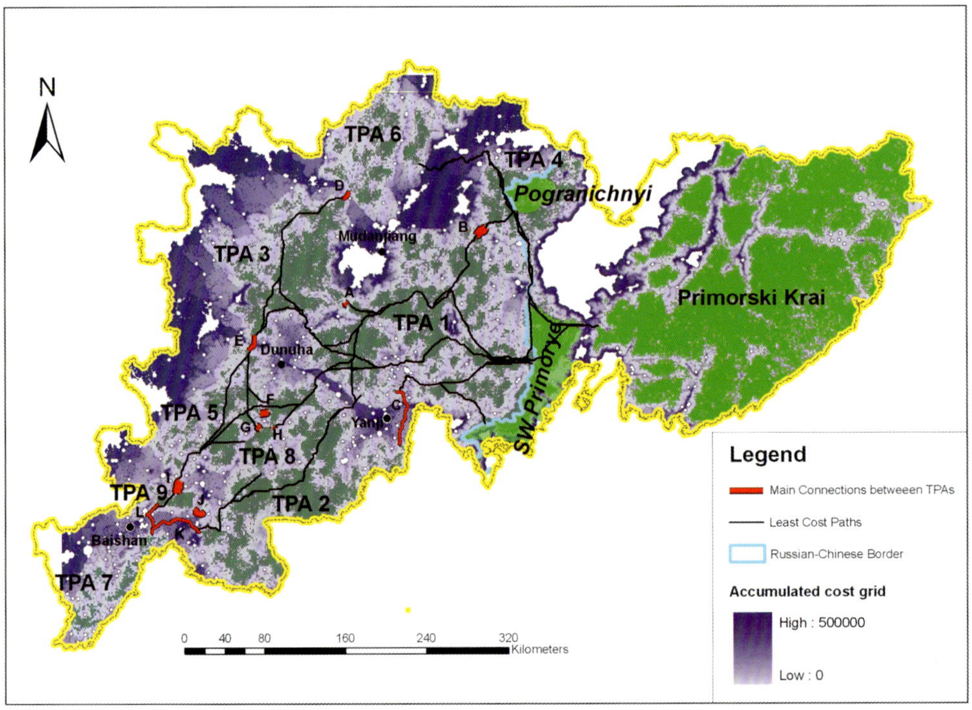

Figure 20. Results of the cost distance analyses using the nine largest Tiger Conservation Priority Areas (each colored area represents a different TPA) with tiger populations in Southwest Primorye and Pogranichnyi County Russia (light green polygons in TPA 1 and 4, respectively as sources and the friction map as a cost grid. In the background is the accumulated cost grid. In black the least cost pathways between all TPAs, including the tiger populations in the southern part of the Russian Far East. The 12 primary linkages (A-L) between adjacent TPAs are shown in dark green (the thicker the line the lower total accumulated costs) (Table 8).

Potential Numbers of Tigers in the Changbaishan Landscape

Overall, the Changbaishan landscape represented 65% of the entire study area, with the remaining 35% being in Russia. By contrast, the $\sum_j \hat{w}(x)_i$ for Russia from the ENFA and RSF models (we could not include the Chinese expert model here because it was not developed in Russia) contained 56% of all the tiger habitat, confirming the visual pattern of more high quality habitat on the Russian side of the border (Fig. 13). Based on data collected by Miquelle *et al.* (2006) there were an estimated 181 (range of 160-203) adult/subadult tigers in the southern Russian Far East study area. Give the area of the Russian study area, this translates into roughly 445 km^2 per tiger.

Using the habitat/tiger ratio $\sum_{Russia} \hat{w}(x)_i / \hat{N}_{Russia}$ for each of the 3 tiger models and the $\sum_j \hat{w}(x)_i$ for each Tiger Conservation Priority Area, we predicted an average of 98 (83-112) tigers across the nine main tiger conservation units identified (Fig. 16, Table 9). TPAs were predicted to contain anywhere from 1 to 36 tigers, but only three management zones were predicted to contain habitat for >10 adult/subadult tigers: Hunchun, Changbaishan, and South Zhangguangcailing (Table 9). The estimates for the transboundary Tiger Conservation Priority Areas (TPA 1 & 4) do not include the number of tigers present on the Russian side of the zone. Because of the calibration between known tiger densities and predicted tiger habitat from each of the three habitat models in the Russian side of the study area, all three models provided similar population estimates, confirming the value of the Russian calibration data (Table 9).

Table 9. Estimated Amur Tiger population size in Tiger Conservation Priority Areas based on the relationship between predicted habitat quality from three different habitat models (expert model, RSF, ENFA, and the mean of all three) calibrated against a known tiger population estimate for the adjacent Russian Far East. Predicted number of tigers (in bold, with a low and high estimate based on the range of the Russian tiger estimate) for each of the 3 tiger models is shown.

#	Conservation Unit Name	Area [km²]	ENFA	RSF	Expert	Mean
1	Hunchun-Wangqing-Dongning-Shuiyang	14,239	**31** (27.4 – 35.4)	**30** (25.8 - 34.7)	**36** (30.6 - 41.2)	**33** (29.4 - 38.9)
2	Changbaishan	8,420	**23** (19.9 - 25.2)	**20** (17.5 - 22.2)	**29** (26 - 33)	**24** (20.9 - 26.5)
3	South Zhangguangcailing	5,373	**15** (13 - 16.5)	**12** (10.6 - 13.5)	**17** (15.1 - 19.1)	**15** (13.1 - 16.6)
4	Muling	3,231	**7** (5.7 - 8.7)	**6** (4.5 - 7.5)	**9** (8.1 - 10.5)	**7** (6 - 9.1)
5	Huadian	2,686	**8** (6.7 - 8.5)	**6** (5.3 - 6.7)	**7** (5.8 - 7.4)	**7** (6.2 - 7.9)
6	Northern Zhangguangcailing	2,626	**7** (6.3 - 8)	**5** (4.6 - 5.9)	**7** (6.1 - 7.8)	**7** (5.9 - 7.5)
7	Baishan Tanghua - Ji'an	864	**2** (2 - 2.5)	**1** (0.9 - 1.2)	**3** (2.8 - 3.5)	**2** (1.9 - 2.5)
8	Lushui-Dongjiang	632	**2** (1.6 - 2)	**2** (1.6 - 2)	**2** (1.4 – 2.2)	**2** (1.5 - 1.9)
9	Jingyu-Jiangyuan	440	**1** (0.8 – 1.5)	**1** (0.7 – 1.3)	**2** (1.2 – 2.2)	**1** (0.9 – 1.4)
		Totals	**94** (81.3 - 105.9)	**83** (80.8 - 102.5)	**112** (105.9-134.1)	**98** (83 - 112)

Prioritization of Tiger Conservation Priority Areas

The patch prioritization process suggests that Hunchun-Wangqing (TPA 1; Figs. 19 and 20) to be by far the most out standing TPA of the whole Changbaishan landscape (Table 10). It ranked first in all criteria except for isolation (# of connections between adjacent tiger management units) where it ranked third. It has one of the lowest fragmentation indexes (0.74) and is connected directly to a tiger source population in Southwest Primorye. It is the TPA with the largest number of reports of tigers (n= 218) and the projected number of tigers (mean N = 33; Table 9) is by far the largest. Even though Hunchun-Wangqing was ranked highest, criteria values are still quite low when compared to the southern Primorski Krai study site, where the fragmentation index is only 0.41 and the estimated number of tigers (172), is 5.2 times the projected number in Hunchun-Wangqing.

Changbaishan (TPA 2; Table 10; Fig. 19 and 20) with a total rank of 10 is the second best TPA. However the distance to the closest source population of tigers (184 km to SW Primorye) is very far, and tigers have not been reported there for 15 years.

Changbaishan is followed by two TPA whose ranks are very similar: South Zhangguangcailing and Muling (TPAs 3 and 4 in Table 10; Figs. 19 and 20) with total ranks of 13 and 15, respectively.

The remaining five TPAs (TPAs 5-9; Table 10) have low projected numbers of tigers (19 in total) and therefore would play only a marginal role in tiger conservation in the Changbaishan Landscape. Nevertheless, some of these TPAs could be important in maintaining connectivity between higher ranked TPAs; e.g., TPAs 5 and 8 despite their small size, provide a linkage between TPA 2 and TPA 3 (Fig. 20).

Collectively, the 4 highest priority areas could possibly hold up to 79 tigers. If linkages were retained between these Tiger Conservation Priority Areas, and with Southwest Primorye, this population would likely represent one of the larger tiger populations across all Asia.

Table 10.Prioritization of the Tiger Conservation Priority Areas (TPAs) based on five criteria. Each criteria is ranked from 1 (good) to 5 (bad) according to its value for tiger recovery. The best (lowest) possible rank is 5 and the worst is 25. Distance from source = distance along the least cost path between the closest tiger source population (Southwest Primorye or Pogranichnyi County, Primorski Krai, Russia) and the respective TPA; Estimated Tiger Population Size was calculated according to Boyce and McDonald (1999); Fragmentation index = ratio of the perimeter to the area multiplied by 1000; Isolation = # potential main connections with other TPAs with accumulative costs ≤ 309,261 (= costs of the connection between Changbaishan and Baishan Tonghua-Ji'an).

#	Tiger Conservation Priority Area Name	Distance from source		Estimated Tiger Pop. Size		Frag. Index		# Tiger Observations		Isolation		Total Rank
		[km]	rank	[N]	rank	Ratio	rank	#	rank	#	rank	
1	Hunchun-Wangqing-Dongning-Shuiyang	*0*	1	*33*	1	*0.74*	1	*218*	1	*3*	3	**7**
2	Changbaishan	*184*	2	*24*	2	*0.71*	1	*0*	4	*5*	1	**10**
3	South Zhangguangcailing	*260*	3	*15*	3	*0.81*	1	*7*	3	*3*	3	**13**
4	Muling	*0*	1	*7*	5	*0.97*	2	*8*	2	*1*	5	**15**
5	Huadian	*375*	4	*7*	5	*1.04*	3	*0*	4	*4*	2	**18**
6	North Zhangguangcailing	*140*	2	*7*	5	*1.34*	5	*0*	4	*1*	5	**21**
7	Baishan Tonghua-Ji'an	*551*	5	*2*	5	*1.41*	5	*0*	4	*2*	4	**23**
8	Lushui-Dongjiang	*318*	3	*2*	5	*0.72*	1	*0*	4	*2*	4	**17**
9	Jingyu-Jiangyuan	*459*	5	*1*	5	*0.70*	1	*0*	4	*3*	3	**18**

DISCUSSION

Assessment of the Modeling Approach

The modeling approach adopted by our team appears to be a reasonably effective mechanism to predict where potential tiger habitat may exist in the Changbaishan Landscape. Each model has its limitations but by averaging the results it was possible to derive a realistic estimate of where tigers may recover in the region.

The Expert Model's strength lay in the fact that it was derived specifically with the Changbaishan landscape in mind, and therefore the variables selected, and the values of those variables were derived from expert opinions of the landscape of interest. Such an approach avoided the assumptions of the other two models (correct variable selection, same association of variables to tiger distribution, etc.). However, extrapolation of the Expert Model to the southern Russian Far East indicated that it was likely overly optimistic in its predictions of where tigers might survive in the Changbaishan Landscape.

The Ecological Niche Factor Analysis (ENFA) provides a relatively easy modeling approach, which does not require knowledge of presence-absence (only presence and availability), and results are provided with relatively few factors that explain preferences of the tiger population. However, interpretation of these factors can be difficult, as each factor represents a mixture of a large number of variables. Therefore, the ENFA model, while relatively easy to use, is slightly less powerful in its ability to tease out which variables influence tiger distribution most significantly, although, with experience, interpretation of factors does lend itself to such tasks.

One of the primary benefits of the Resource Selection Function is the ability to understand which variables have the largest impact in defining potential tiger habitat. The costs of RSFs is having to make decisions about which correlated variables to retain in final models, but the variables we retained were of higher explanatory power than others. RSF models are more difficult to develop, but ultimately have greater explanatory power in terms of understanding the relative importance of each variable.

Results from the ENFA and RSF models indicated that both were of intermediate predictive power. This constraint likely pertains to the Expert Model even moreso, which, as noted above, was more optimistic in its predictions than either the ENFA or RSF model. Analyses from the RSF approach indicated, as would be expected, that models that include good information on relative abundance of key prey species are more robust than models that rely solely on environmental parameters. As an additional caveat to our extrapolation of potential habitat and population size, our models assume that the densities of ungulates in Russia and China are similar. This is clearly not the case, and hence we recognize that the extrapolations to the Changbaishan truly represent only “potential” habitat. Full realization of that potential is contingent on recovery of prey species, and ensuring that an interconnected network of suitable habitat exists.

Despite these limitations, the models appeared to do a reasonable job of defining where potential tiger habitat likely exists in the Changbaishan landscape today, and can act as a basis for defining priority areas for tiger recovery. Ultimately, the only way to truly validate these predictions of potential tiger habitat in China is to work actively to restore tiger habitat and observe over time where tigers colonize the Changbaishan Landscape.

Recovery of Tigers in the Changbaishan Landscape

Results of this analysis provide a spatially explicit basis for defining priorities in recovering tigers in the Changbaishan landscape.

The results suggest that potential tiger habitat in China is much more patchily distributed than in Russia, and therefore puts tigers at greater risk, making recovery a difficult task. Partly because of this fact, and the predominance of human-dominated landscapes, densities of tigers are likely to be substantially less in the Changbaishan landscape than in the Russian Far East. Therefore, recovery of tigers in the Changbaishan landscape will be contingent on improving habitat, reducing fragmentation, and increasing prey densities, even in the best of the Tiger Conservation Priority Areas.

Our analyses suggest that there are 4 primary Tiger Conservation Priority Areas that should be focused on for short-term and medium-term tiger recovery efforts (Fig. 18). In particular, the analysis suggests that the most important region, and the one that should receive highest priority in planning is the Hunchun-Wangqing Tiger Conservation Priority Area. This region includes by far the largest connected network of habitat patches, is closest to source populations in Russia, and has the capacity to hold the largest number of tigers in the greater Changbaishan Landscape. Most importantly, tigers are already present in this Tiger Conservation Priority Area, and recovery is already underway.

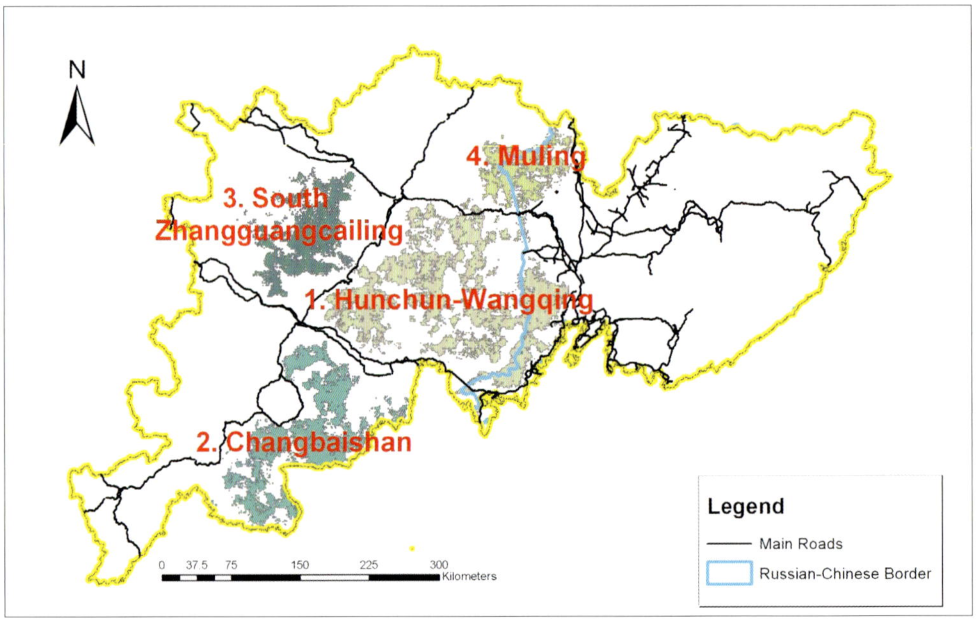

Figure 21. The four priority Tiger Conservation Priority Areas in the Changbaishan Landscape.

The Changbaishan Management Zone is the second largest TPA, and has potential to hold up to 24 adult tigers. However, tigers have not been reported in the Changbaishan TPA for more than 15 years, and the least-cost distance from a source population (184 km) is very far, despite the fact that the Changbaishan TPA is well connected to other TPAs (which also presently harbor no tigers). Therefore, the difference between the highest rated TPA (Hunchun-Wangqing) and the second highest TPA (Changbaishan) is significant: in Hunchun-

Wangqing there are already tigers present, there are direct links to a population in Russia, and recovery is underway, whereas Changbaishan TPA has none of these features. Therefore, it seems obvious that the best chance for a quick recovery of tigers is in the Hunchun-Wangqing Tiger Conservation Priority Area.

Southern Zhangguangcailing and Muling, the remaining two of the top ranked TPAs, both have potential linkages to Hunchun-Wangqing, and Muling is also connected to suitable habitat in Russia where ephemeral populations of tigers exist. Efforts should therefore be made to assure that further loss of habitat in these areas does not occur, and efforts should be made to ensure linkages can be created, or protected if they already exist, with Hunchun-Wangqing.

These four Tiger Conservation Priority Areas, if interconnected, and linked to tiger populations on the Russian Side, could produce approximately 79 tigers in the greater Changbaishan landscape. While not a large number, if exchange occurred with the Sikhote-Alin tiger population in Russia (presently at 400-500 individuals), the Changbaishan-Sikhote-Alin meta-population would in all likelihood be the largest wild tiger population in the world.

While this is an admirable goal, there is much work to be done to make this a reality. Below we provide a list of recommendations needed to move forward in the recovery process.

Our analysis was conducted on a large landscape, and our primary intent was to identify patches of habitat (Tiger Conservation Priority Areas) where tigers could recover in the Changbaishan landscape. Although not an objective of our work, a second-tier of analyses is now needed to define how lands within each zone should be managed to improve conditions for tiger recovery. Such an analysis should look within each Tiger Conservation Priority Area to define priority sites and actions.

MANAGEMENT RECOMMENDATIONS

This analysis of the Changbaishan landscape suggests that there are approximately 38,500 km^2 of potential tiger habitat remaining in the region. Therefore, there still exists the opportunity to recover tigers in Northeast China. However, the challenges are great. Habitat fragmentation has already progressed significantly, making the available habitat less capable of sustaining tigers than in nearby Russia. Prey densities are extremely low nearly everywhere. Recovery of tigers in Northeast China cannot occur unless the basic requirements for survival of tigers are included in regional and national planning. Conservation of tigers does not necessarily have to impede economic development of the region, but inclusion of "tiger friendly" management guidelines in development plans is critical. Towards this end, we make the following recommendations:

1. Immediately officially recognize Tiger Conservation Priority Areas

We recommend that, of the 38,500 km^2 of potential tiger habitat in the Changbaishan landscape, 31,200 km^2 be immediately recognized and legislatively mandated as Tiger Conservation Priority Areas, Hunchun-Wangqing (14,239 km^2), Changbaishan (8420 km^2), Southern Zhangguangcailing (5373 km^2), and Mulingg (3231 km^2), as designated in Figure 19. In total, it is estimated that if these Tiger Conservation Priority Areas are properly managed, approximately 80 tigers could inhabit the Changbaishan landscape.

2. Protected Areas are needed as Core Areas in Tiger Conservation Priority Areas

Experience in China and around the world has demonstrated that protected areas play a critical role in recovery and survival of targeted species. In China existing laws and regulations related to protected areas provide the most effective way to conserve tigers within core areas of recovery zones. Therefore the establishment of new nature reserves, as well as strengthening and enlarging of existing protected areas, especially in the four priority recovery zones, is urgently needed. Such reserves will only be effective in conserving tigers if they are large enough to retain a minimum of 3-4 adult females, which would require 1200-1600 km^2.

3. Immediate conservation efforts should be focused on Hunchun-Wangqing-Tiger Conservation Priority Area

This modeling exercise indicates that the Hunchun-Wangqing Tiger Conservation Priority Area (Figure 16) is the highest priority site for recovery of tigers in the Changbaishan landscape. Conservation actions must be focused on this priority area for the short and medium-term recovery plans. These actions include:

a. Strengthen, enlarge and connect existing protected areas to create a core protected area within the region to assist Hunchun Tiger Leopard Reserve in conserving tigers.

b. Outside the core protected area, designated tiger habitat should be managed with "Tiger Friendly Forest Management" approaches, such as using High Conservation Value Forests (HCVF as proposed by WWF), and Forest Certification (as conducted by the Forest Stewardship Council) as much as possible. As a priority "Tiger and Prey Friendly Forest Management Guideline" should be developed.

c. Protect the potential for tiger recovery in the Hunchun-Wangqing Priority Area by ensuring that no further loss of forest cover occurs there. This region is already more fragmented than good tiger habitat in nearby Russia, and therefore challenges to recovery are already substantial. Opportunities to reduce fragmentation within the Tiger Conservation Priority Area should be explored and exploited wherever possible.

d. Opportunities to move small settlements (forest bureau and township resettlements) should be explored in key areas to reduce fragmentation of the landscape and improve landscape continuity.

e. Development of mechanisms to reduce conflict between local villages and native wildlife – especially wild boar – which cause crop damages, so that native prey populations can fully recovery.

f. If there are opportunities to close roads or restrict movement of people and vehicles on some roads, these actions can greatly improve security for tigers in the management zone.

g. Careful planning of any new road construction project is vital.

h. A detailed analysis within the Tiger Conservation Priority Area needs to be conducted to guide tiger management within the Hunchun-Wangqing area.

4. Take Necessary Actions to Protect Habitat in Other Tiger Conservation Priority Areas

Changbaishan, Muling and Southern Zhangguangcailing also represent potentially important recovery zones for tigers. To ensure that these zones retain potential tiger habitat, it is necessary to prevent further loss of forests in these priority areas. In the immediate future it is critical that ground-truthing of proposed corridors linking these zones be conducted, and steps be taken to secure or create such corridors to ensure that movement between Tiger Conservation Priority Areas is possible. In the long-term, it will be necessary to apply the same conservation actions as proposed for Hunchun-Wangqing Zone, but extensive work in these regions should only occur after a tiger population is well established in Hunchun-Wangqing Recovery Zone.

5. Recovery of Prey Populations

The results of analyses conducted here confirm that prey densities are a critical determinant of habitat quality for tigers in the Changbaishan landscape. To assist in recovery of prey, we recommend the following actions:

a. Continuation and strengthening of the existing ban on hunting in Jilin and Heilongjiang Provinces. This will benefit the recovery of preferred prey species, including red deer and wild boar.

b. Better enforcement of anti-poaching laws and regulations;

c. An active and extensive campaign is to remove snares over the entire Tiger Conservation Priority Areas.

d. An active and extensive campaign is to refuse wildlife meat in Changbaishan landscape and Jilin and Heilongjiang provinces.

e. A detailed ungulate monitoring program should be established, particularly in the Hunchun-Wangqing Zone.

f. Selective reintroduction of prey species could be necessary to some core areas of Tiger

Conservation Priority Areas to facilitate recovery.

6. Recovery of Amur Tigers

In addition to the above practical management actions, some additional measures are needed for the recovery of the tiger population:

a. Strengthening of anti-poaching efforts to protect the tiger population and its prey in Hunchun-Wanquing Tiger Conservation Priority Area.

b. Creation of Sino-Russian transboundary protected areas will increase dispersal of tigers across the international boundary, hoping increasing the rate of recovery in China.

c. Tiger-human conflicts must be reduced through feasible compensation mechanisms and improved cattle husbandry techniques to reduce depredation.

d. Openings in border fences along the Chinese-Russian border, especially in the priority areas along the border of China and Russia are necessary to facilitate movement of tigers as well as ungulates between Russia and China. Small openings (less than 20 m wide) at critical locations will allow movement of animals, but can also be closely (remotely) monitored by border patrol guards.

e. Feasibility study on relocation of tigers from the Russia Far East to the priority areas in the Changbaishan landscape, especially the priority areas around the Changbaishan National Nature Reserve. Some of the tiger conservation priority areas have large enough forest area, but are not directly connected with the sources populations of wild tigers. The recovery of tigers in these areas will take a long time without special measures, such as the relocation wild tiger breeding families. The feasibility study should evaluate if there are suitable areas for relocating tigers and where these areas might be, including an assessment of the prey base, evaluating the potential for human-tiger conflicts and strategies to avoid these, monitoring of tigers, etc.

7. Tiger Friendly Forest Management

Designated tiger habitat should be managed with "Tiger Friendly Forest Management" approaches, such as using High Conservation Value Forests (HCVF as proposed by WWF), and Forest Certification (as conducted by the Forest Stewardship Council) as much as possible. Additionally, guidelines and recommendations for tiger friendly NTFP harvesting should also be developed and included in this approach. Such "Tiger (and prey) Friendly Forest Management Guideline" should be developed and tested in a pilot project.

8. Policy Support by Governments and Stakeholders

The policy supports by the Chinese governments and stakeholders are essential parts of the recovery plans:

a. A Changbaishan Tiger Conservation Plan must be developed and integrated into the Chinese governmental and key stakeholders conservation plans, and relying on general guidance of this plan, strategic tiger conservation plans should be further detailed at the provincial level.

b. Negative impacts of new roads on tigers must be fully considered. New roads – especially highways – result in fragmentation and loss of habitat, and greatly reduce the effectiveness of existing Tiger Conservation Priority Areas. Construction of such roads should only occur in concert with a detailed impact assessment specifically on tigers and their prey, with mitigation measures included in the planning process.

c. Sustainable development of local communities must be cultivated through sustainable/ alternative livelihoods projects to reduce the potential impact of tiger conservation on local communities.

LITERATME CITED

Bing, L., Z. Endi, Z. Zhenhua, and L. Yu. 2008. Preliminary Monitoring of Amur Tiger Population in Jilin Hunchun National Nature Reserve. Acta Theriologica Sinica 28:333-341.

Bogatov, V. V., D. G. Miquelle, V. A. Rozenberg, B. A. Voronov, S. M. Krasnopeev, and T. Merrill. 2000. A Biodiversity conservation strategy for the Sikhote-Alin. Russian Academy of Sciences, Far Eastern Branch, USAID Environmental Policy and Technology Project. Vladivostok, Zov Taigi. 80pp

Boyce, M. S. and L. L. McDonald. 1999. Relating populations to habitats using resource selection functions. Trends in ecology and evolution 14:268-272.

Boyce, M. S., P. R. Vernier, S. E. Nielsen, and F. K. A. Schmiegelow. 2002. Evaluating resource selection functions. Ecological modelling 157:281-300.

Boyce, M. S. and J. S. Waller. 2003. Grizzly Bears for the Bitterroot: Predicting Potential Abundance and Distribution. Wildlife Society Bulletin 31:670-683.

Boyce, M. S. 2006. Scale for Resource Selection Functions. Diversity and Distributions 12:269-276.

Box, G.E.P. and D.R. Cox . 1964. An analysis of transformation. Journal Royal Statistic Society series B 26:211-243.

Burnham, K. P. and D. R. Anderson, editors. 1998. Model selection and inference: a practical information-theoretic approach. Springer-Verlag, New York.

Carroll, C. and D. G. Miquelle (2006). "Spatial Viability Analysis of Amur Tiger Panthera Tigris Altaica in the Russian Far East: the Role of Protected Areas and Landscape Matrix in Population Persistence." Journal of Applied Ecology 43(6): 1056-1068.

Chapron, G., D. G. Miquelle, A. Lambert, J. M. Goodrich, S. Legendre, and J. Clobert. 2008. The Impact on Tigers of Poaching Versus Prey Depletion. Journal of Applied Ecology 45:1667-1674.

Chetkiewicz, C. L. B., C. C. S. Clair, and M. S. Boyce. 2006. Corridors for Conservation: Integrating Pattern and Process. Annual Review of Ecology Evolution and Systematics 37:317-342.

Chetkiewicz, C. L. B. and M. S. Boyce (2009). "Use of resource selection functions to identify conservation corridors." Journal of Applied Ecology 46(5): 1036-1047.

Ciarniello, L. M., N. S. Boyce, D. C. Heard, and D. R. Seip. 2007. Components of Grizzly Bear Habitat Selection: Density, Habitats, Roads, and Mortality Risk. Journal of Wildlife Management 71:1446-1457.

Crooks, K. and M. Sanjayan, editors. 2006. Connectivity Conservation. Cambridge University Press, Cambridge, UK.

Dickson, B.G., J.S. Jenness, and P. Beier. 2005. Influence of vegetation, topography, and roads on cougar movement in southern California. J. Wildl. Management 69:264-276

Dinerstein, E., C. Loucks, E. Wikramanayake, J. Ginsberg, E. Sanderson, J. Seidensticker, J. Forrest, G. Bryja, A. Heydlauff, S. Klenzendorf, P. Leimgruber, J. Mills, T. G. O'brien, M. Shrestha, R. Simons, and M. Songer. 2007. The Fate of Wild Tigers. Bioscience 57:508-514.

Doswald, N., F. Zimmermann and U. Breitenmoser. 2007. Testing expert groups for a habitat suitability model for the Lynx Lynx lynx in the Swiss Alps. Wildlife biology 13:430-446.

ESRI (Environmental Systems Research Incorporated). 2005. ARCGIS 9.2.1, Redlands, California, USA

Fielding, A.H. and J.F. Bell. 1997. A review of methods for the assessment of prediction errors in conservation presence/absence models. Environmental Conservation 24: 38-49.

Freer, R.A. 2004. The Spatial Ecology of the Güiña (Oncifelis guigna) in Southern Chile. University of Durham, Durham, 219 pp.

Goodrich, J. D.G. Miquelle, E. N. Smirnov, L. L. Kerley, H. B. Quigley, M. G. Hornocker, and O. Uphyrkina. in press. Social structure of Amur (Siberian) tigers (Panthera tigris altaica) on Sikhote-Alin Biosphere Zapovednik, Russia. J. Mamm.

Goodrich, J. M., L. L. Kerley, et al. (2008). "Survival Rates and Causes of Mortality of Amur Tigers on and Near the Sikhote-Alin Biosphere Zapovednik." Journal of Zoology 276(4): 323-329.

Hall, L. S., P. R. Krausman, and M. L. Morrison. 1997. The habitat concept and a plea for standard terminology. Wildlife Society Bulletin 25:173-182.

Hausser J. 1995. Mammifères de la Suisse. Birkhäuser Verlag.

Hebblewhite, M. and E. Merrill. 2008. Modelling wildlife-human relationships for social

species with mixed-effects resource selection models. Journal of Applied Ecology 45:834-844.
Heinsch, F. A., M. A. Reeves, P. Votava, K. Sinkyu, C. Milesi, M. Zhao, J. Glassy, W. Jolly, R. Loehman, C. Bowker, J. Kimball, R. Nemani, and S. W. Running. 2003. User's Guide: GPP and NPP (MOD17A2/A3) Products, NASA MODIS Land Algorithm. Numerical Terradynamics Simulation Group, College of Forestry and Conservation, University of Montana.
Henry, P. D. Miquelle, T. Sugimoto, D. R. McCullough, A. Caccone, and M. A. Russello. 2009. In situ population structure and ex situ representation of the endangered Amur tiger. Molecular Ecology 18:3173-3184.
Hirzel A.H., and R. Arlettaz. 2003. Environmental-envelope based habitat-suitability models. In 1st Conference on Resource Selection by Animals (ed. B. F. J. Manly). Omnipress, Laramie, USA.
Hirzel, A.H., and G. Le Lay. 2008. Habitat suitability modelling and niche theory. Journal of Applied Ecology 45:1372-1381.
Hirzel A.H., J. Hausser, D. Chessel, and N. Perrin. 2002. Ecological-Niche Factor Analysis: How to compute habitat-suitability maps without absence data? Ecology 83:2027-2036.
Hirzel, A.H., B. Posse, P.-A Oggier,.Y. Crettenand, C. Glenz, and R. Arlettaz. 2004. Ecological requirements of reintroduced species and the implications for release policy: the case of the bearded vulture. Journal of Applied Ecology, 41, 1103-1116.
Hirzel, A.H., G. Le Lay, V. Helfer, C. Randin, and A. Guisan. 2006. Evaluating the ability of habitat suitability models to predict species presences. Ecological Modelling 199: 142-152.
Hirzel A.H., J. Hausser, N. Perrin, G. Le Lay, and V. Braunisch. 2007. Biomapper 4.0. Laboratory of Conservation Biology, Department of Ecology and Evolution, University of Lausanne, Switzerland. URL: http://www.unil.ch/biomapper
Hosmer, D. W. and S. Lemeshow, editors. 2000. Applied Logistic Regression. John Wiley and Sons, New York.
Huete, A., K. Didan, T. Miura, E. P. Rodriguez, X. Gao, and L. G. Ferreira. 2002. Overview of the Radiometric and Biophysical Performance of the Modis Vegetation Indices. Remote Sensing of Environment 83:195-213.
Jackson, D.A. 1993. Stopping rules in Principal Components Analysis: A comparison of heuristical and statistical approaches. Ecology 74: 2204-2214.
Janin, A., J.P. Léna, N. Ray, C. Delacourt, P. Allemand, and P. Joly. 2009. Assessing landscape connectivity with calibrated cost-distance modelling: predicting common toad distribution in a

context of spreading agriculture. Journal of Applied Ecology 46: 833-841.
Jiang, G., J. Ma, M. Zhang, and P. Stott. 2009. Multiple spatial-scale resource selection function models in relation to human disturbance for moose in northeastern China. Ecological Research 24:423-440.
Johnson, C. J. and M. P. Gillingham. 2008. Sensitivity of Species-Distribution Models to Error, Bias, and Model Design: an Application to Resource Selection Functions for Woodland Caribou. Ecological Modelling 213:143-155.
Johnson, C. J. and M. P. Gillingham. 2005. An Evaluation of Mapped Species Distribution Models Used for Conservation Planning. Environmental Conservation 32:117-128.
Johnson, C. J. and M. P. Gillingham. 2004. Mapping Uncertainty: Sensitivity of Wildlife Habitat Ratings to Expert Opinion. Journal of Applied Ecology 41:1032-1041.
Johnson, A.R., J.A. Wiens, B.T. Milne, and T.O. Crist. 1992. Animal movements and population dynamics in heterogeneous landscapes. Landscape Ecology 7: 63-75.
Johnson, C. J., M. S. Boyce, R. L. Case, D. H. Cluff, R. J. Gau, A. Gunn, and R. Mulders. 2005. Cumulative effects of human developments on arctic wildlife. Wildlife Monographs 160:1-36.
Johnson, C. J. and D. R. Seip. 2008. Relationship Between Resource Selection, Distribution, and Abundance: a Test With Implications to Theory and Conservation. Population Ecology 50:145-157.
Johnson, D. H. 1980. The comparison of usage and availability measures for evaluating resource preference. Ecology 61:65-71.
Karanth K. U., J. D. Nichols, N.S. Kumar, W. A. Link and J. E. Hines. 2004. Tigers and their prey: predicting carnivore densities from prey abundance. Proceedings of the National Academy of Science, 101,4854-4858.
Kerley, L. L., J. M. Goodrich, et al. (2002). "Effects of Roads and Human Disturbance on Amur Tigers." Conservation Biology 16(1): 97-108.
Klein, A. G., D. K. Hall, and G. A. Riggs. 1998. Improving Snow Cover Mapping in Forests Through the Use of a Canopy Reflectance Model. Hydrological Processes 12:1723-1744.
Liu, C., P. M. Berry, T. P. Dawson, and R. G. Pearson. 2005. Selecting thresholds of occurence in the prediction of species distributions. Ecography 28:385-393.
Manly, B. F. J., L. L. McDonald, D. L. Thomas, T. L. McDonald, and W. P. Erickson, editors. 2002. Resource selection by animals: statistical analysis and design for field studies. Second Edition. Kluwer, Boston, USA.

Menard, S., editor. 2002. Applied logistic regression. Second Edition. Sage Publications, London.

Miquelle, D. G., D. G. Pikunov, Y. M. Dunishenko, V. V. Aramilev, I. G. Nikolaev, V. K. Abramov, E. N. Smirnov, G. P. Salkina, I. V. Seryodkin, V. V. Gaponov, P. V. Fomenko, M. N. Litvinov, A. V. Kostyria, V. G. Yudin, V. G. Korrisko, and A. A. Murzin. 2006. A survey of Amur (Siberian) Tigers in the Russian Far East, 2004-2005. Page 77. Wildlife Conservation Society, World Wildlife Fund.

Miquelle, D.G., Smirnov, E.N., Quigley, H.G., Hornocker, M.G., Nikolaev, I.G., Matyushkin, E.N. 1996. Food habits of amur tigers in Sikhote-Alin Zapovednik and the Russian far east, and implications for conservation. J. Wildlife Research 1(2): 138-147

Miquelle, D. G., P. A. Stephens, E. N. Smirnov, J. M. Goodrich, O. J. Zaumyslova, and A. E. Myslenkov. 2005. Tigers and wolves in the Russian far east: competitive exclusion, functional redundancy, and conservation implications. Pages 177-207 in J. C. Ray, K. H. Redford, R. S. Steneck, and J. Berger, editors. Large carnivores and the conservation of biodiversity. Island Press, Washintgon, DC, USA.

Miquelle, D. G., E. N. Smirnov, T. W. Merrill, A. E. Myslenkov, H. G. Quigley, M. G. Hornocker, and B. Schleyer. 1999. Hierarchical spatial analysis of Amur tiger relationships to habitat and prey. Pages 71-99 in S. C. a. P. J. John Seidensticker, editor. Riding the Tiger: Tiger conservation in human-dominated landscapes. Cambridge University Press, Cambridge, UK.

Miquelle, D. G., W. T. Merrill, Y. M. Dunishenko, E. N. Smirnov, H. B. Quigley, D. G. Pikunov, and M. G. Hornocker. 1999. A Habitat Protection Plan for the Amur tiger: Developing political and ecological criteria for a viable land-use plan. Pages 273-295 in 'Riding the tiger; meeting the needs of people and wildlife in Asia', eds. Seidensticker, J., S. Christie, and P. Jackson, Cambridge University Press, Cambridge.

Miquelle, D. G., Goodrich, J. M., Smirnov, E. N., Stephens, P. A., Zaumyslova, O., Yu-Chapron, G., Kerley, L., Murzin, A. A., Hornocker, M. G. & Quigley, H. B. (in press a) The Amur Tiger: a case study of living on the edge. IN MacDonald, D. W. & Loveridge, A. (Eds.) Biology and Conservation of Wild Felids. Oxford, UK., Oxford University Press.

Miquelle, D.G., , D. G. Pikunov, Y. M. Dunishenko, V.V. Aramilev, I. G. Nikolaev, V. K. Abramov, E. N. Smirnov, G. P. Salkina, I. V. Seryodkin, V. V. Gapanov, P. V. Fomenko, M. N. Litvinov, A. V. Kostyria, V. G. Yudin, V. G. Korkisko, and A. A. Murzin. 2007. 2005 Amur tiger census. Cat News 46:11-14.

Mladenoff, D. J. and T. A. Sickley. 1998. Assessing Potential Gray Wolf Restoration in the Northeastern United States: a Spatial Prediction of Favorable Habitat and Potential Population Levels. Journal of Wildlife Management 62:1-10.

Mladenoff, D. J., T. A. Sickley, and A. P. Wydeven. 1999. Predicting Gray Wolf Landscape Recolonization: Logistic Regression Models Vs. New Field Data. Ecological Applications 9:37-44.

Mu, Q., F. A. Heinsch, M. Zhao, and S. W. Running. 2007. Development of a Global Evapotranspiration Algorithm Based on Modis and Global Meteorology Data. Remote Sensing of Environment 111:519-536.

Nielsen, S. E., G. B. Stenhouse, and M. S. Boyce. 2006. A Habitat-Based Framework for Grizzly Bear Conservation in Alberta. Biological Conservation 130:217-229.

Pearce, J. and S. Ferrier. 2000. Evaluating the predictive performance of habitat models developed using logistic regression. Ecological Modelling 133:225-245.

Perrin, N. 1984. Contribution à l'écologie du genre Cepaea (Gasteropoda): approche descriptive et expérimentale de l'habitat et de la niche écologique. Thèse, Université de Lausanne.

Ranganathana, J., K. M. A. Chan, K. U. Karanth, and J. L. D. Smith. 2008. Where Can Tigers Persist in the Future? A Landscape-Scale, Density-Based Population Model for the Indian Subcontinent. Biological Conservation 141:67-77.

Reuter, H.I., A. Nelson, and A. Jarvis. 2007. An evaluation of void filling interpolation methods for SRTM data. International Journal of Geographic Information Science 21:983-1008.

Reutter, B. A., V. Helfer, A.H. Hirzel, and P. Vogel. 2003. Modelling habitat suitability using museum collections: an example with three sympatric Apodemus species from the Alps. Journal of Biogeography 30:581-590.

Running, S. W., R. R. Nemani, F. A. Heinsch, M. S. Zhao, M. Reeves, and H. Hashimoto. 2004. A Continuous Satellite-Derived Measure of Global Terrestrial Primary Production. Bioscience 54:547-560.

Sattler, T., F. Bontadina, A.H. Hirzel, and R. Arlettaz. 2007. Ecological niche modelling of two cryptic bat species calls a reassessment of their conservation status. Journal of Applied Ecology 44:1188-1199.

Schippers, P., J. Verboom, J.P. Knaapen, a nd R.C. von Apeldoorn. 1996. Dispersal and habitat connectivity in complex heterogeneous landscape: an analysis with a GIS-based random walk

model. Ecography 19:97-106.
Shaochun, Z., S. Haiyi, Z. Minghai, L. Xiangdong, Y. Jiao, and L. Lin. 2008. Regional Distribution and Population Size Fluctuation of Wild Amur Tiger (Panthera Tigris Altaica) in Heilongjiang Province. Acta Theriologica Sinica 28:165-173.
Sanderson, E. W., K. H. Redford, C. L. B. Chetkiewicz, R. A. Medellin, A. R. Rabinowitz, J. G. Robinson, and A. B. Taber. 2002. Planning to Save a Species: the Jaguar as a Model. Conservation Biology 16:58-72.
Sanderson, E., J. Forrest, C. Loucks, J. Ginsberg, E. Dinerstein, J. Seidensticker, P. Leimgruber, M. Songer, A. Heydlauff, T. O'Brien, G. Bryja, S. Klenzendorf and E. Wikramanayake. 2006. Setting Priorities for the Conservation and Recovery of Wild Tigers: 2005-2015. The Technical Assessment. WCS, WWF, Smithsonian, and NFWF-STF, New York – Washington, D.C.
Sinclair, A. R. E., J. Fryxell, and G. Caughley, editors. 2005. Wildlife ecology and management. Second Edition edition. Blackwell Science, London.
Soberon, J. 2007. Grinnellian and Eltonian niches and geographic distributions of species. Ecology Letters 10:121-131.
Turner, D. P., W. D. Ritts, W. B. Cohen, S. T. Gower, S. W. Running, M. S. Zhao, M. H. Costa, A. A. Kirschbaum, J. M. Ham, S. R. Saleska, and D. E. Ahl. 2006. Evaluation of MODIS NPP and GPP Products Across Multiple Biomes. Remote Sensing of Environment 102:282-292.
Wikramanayake, E., M. Mcknight, E. Dinerstein, A. Joshi, B. Gurung, and D. Smith. 2004. Designing a Conservation Landscape for Tigers in Human-Dominated Environments. Conservation Biology 18:839-844.
Yu, X., E. Zhang, and D. Miquelle. 2000. Monitoring the Tiger Population in Heilongjiang Province, China. Cat News 33:3-4.
Yu, X., Zhang, E., and Miquelle, D.G. 2005. A monitoring program for the Amur Tigers in Heilongjiang Province. Pp. 194-195 in Recovery of the Wild Amur Tiger Population in China: Progress and Prospect, eds Zhang, E., Miquelle, D. Want, T. and Kang, A. China Forestry Publishing House.
Yu, L., Z. Endi, L. Zhihong, and C. Xiaojie. 2006. Amur Tiger (Panthera Tigris Altaica) Predation on Livestock in Hunchun Nature Reserve, Jilin, China. Acta Theriologica Sinica 26:213-220.
Zhou Shaochun; Sun Haiyi; Zhang Minghai; Lu Xiangdong; Yang Jiao, and Li Lin. Regional Distribution and Population Size Fluctuation of Wild Amur Tiger (Panthera Tigris Altaica) in

Heilongjiang Province. Acta Theriologica Sinica. 2008; 28(2):165-173
Zimmermann, F. 2004. Conservation of the Eurasian Lynx (Lynx lynx) in a fragmented landscape—habitat models, dispersal and potential distribution. Ph.D. Thesis. University of Lausanne, Lausanne, 180 pp.
Zimmermann, F., V.S. Lukarevsky, G. Beruchashvili, Ch. Breitenmoser-Würsten, and U. Breitenmoser. 2007. Mapping the Vision – Potential Living Space for the Leopard in the Caucasus. Cat News Special Issue 2:28-33.

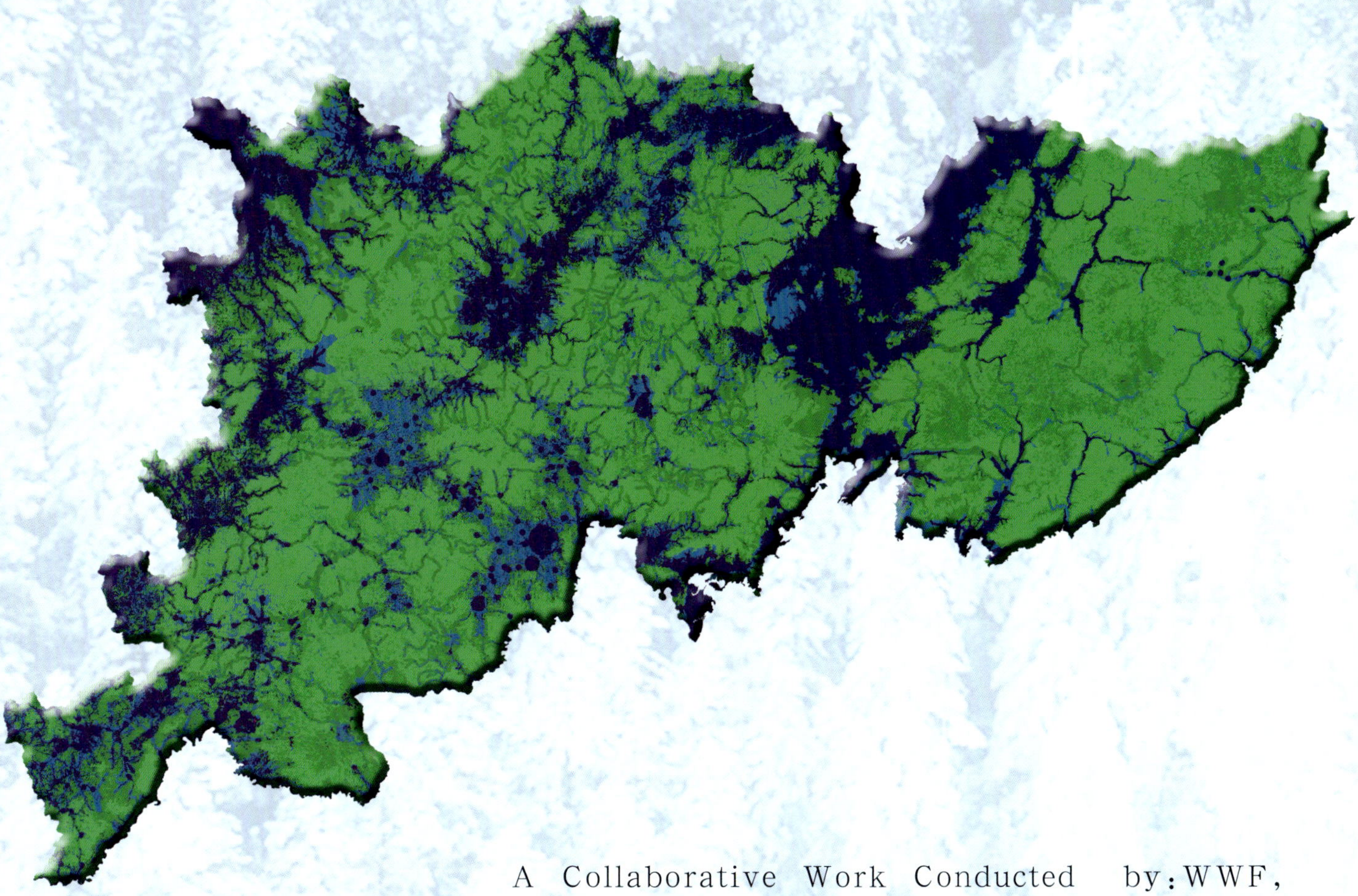

A Collaborative Work Conducted by: WWF, WCS, Northeast Normal University, KORA, the University of Montana and with the support of Chinese key stakeholders

WWF WILDLIFE CONSERVATION SOCIETY NORTHEAST NORMAL UNIVERSITY KORA The University of Montana

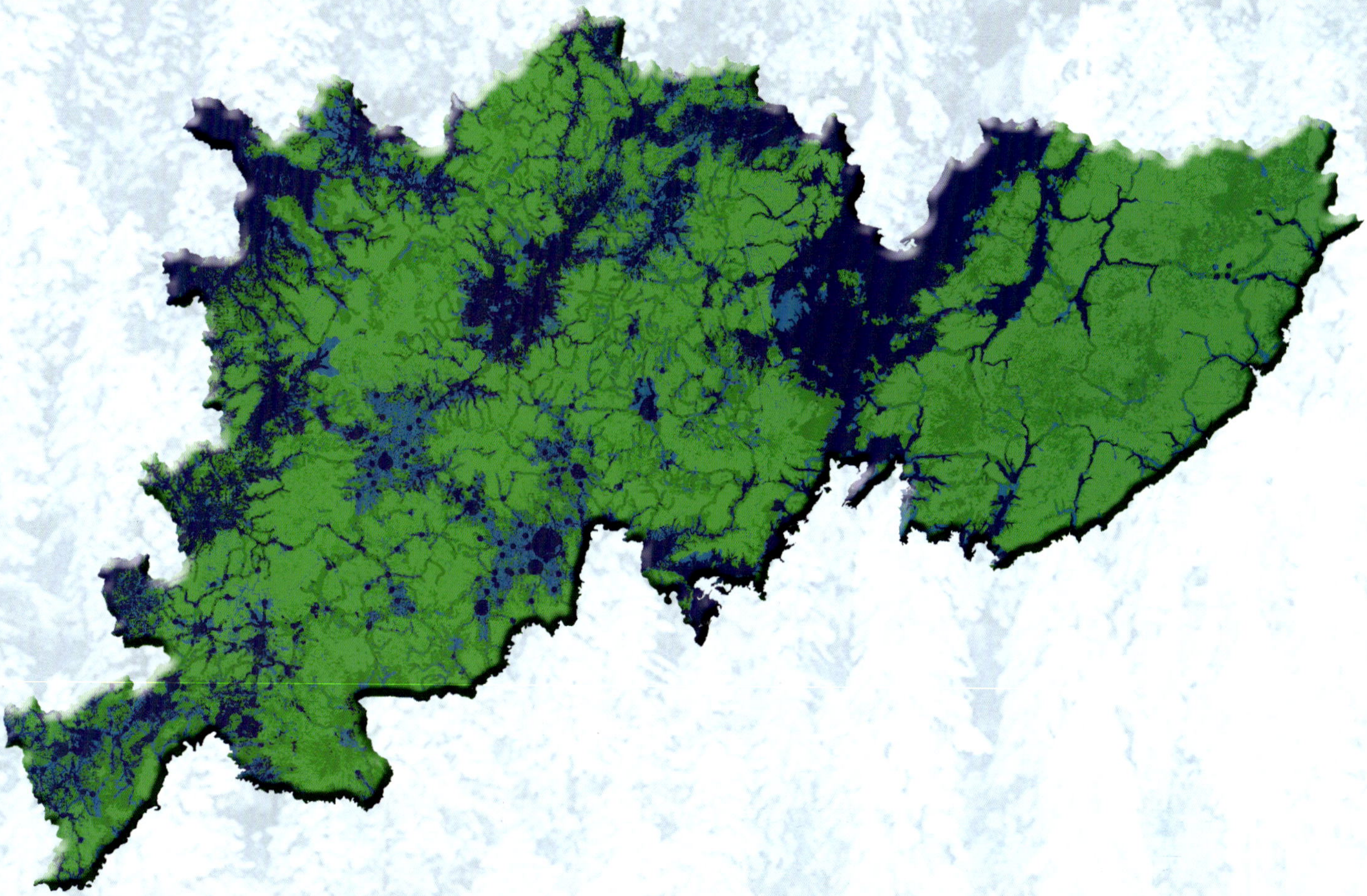

本成果由WWF、WCS、东北师范大学、KORA、蒙大拿大学
在中国主要合作伙伴的支持下共同完成